MATHEMATIK 4

LEHRPROGRAMMBÜCHER

HOCHSCHULSTUDIUM

Einführung in die Differentialrechnung von Funktionen einer unabhängigen Veränderlichen

VON K.-H. ELSTER, G. MIERZWA, E. STÖCKEL

LEIPZIG 1974

AKADEMISCHE VERLAGSGESELLSCHAFT

GEEST & PORTIG K.-G.

AUTOREN:

PROF. DR. RER. NAT. HABIL. KARL-HEINZ ELSTER

Professor an der Sektion Mathematik/Rechentechnik/Ökonomische Kybernetik der Technischen Hochschule Ilmenau

DR. PAED. GERHARD MIERZWA

Wissenschaftl. Oberassistent an der Sektion Mathematik/Rechentechnik/Ökonomische Kybernetik der Technischen Hochschule Ilmenau

DR. PAED. EBERHARD STÖCKEL

Wissenschaftl. Oberassistent an der Sektion Mathematik/Physik der Pädagogischen Hochschule Halle

HERAUSGEBER:

DOZ. DR. HEINZ LOHSE

Forschungszentrum für Theorie und Methodologie der Programmierung von Lehr- und Lernprozessen an der Sektion Pädagogik/Psychologie der Karl-Marx-Universität Leipzig

VLN 276-105/9/74 · LSV 1034

Printed in the German Democratic Republic

Satz: GG Interdruck Leipzig

Druck und Einband: Offizin Andersen Nexö, Leipzig

Bestell-Nr. 669 741 3

EVP 12,–

Vorwort

Das vorliegende Lehrprogrammbuch, das aus einem Darbietungs- und einem Übungsprogramm besteht, gibt eine Einführung in die Differentialrechnung. Es wendet sich sowohl an solche Leser, die bereits Kenntnisse über diesen Stoff besitzen und ihn festigen und vertiefen wollen, wie auch an solche Leser, die über keine Kenntnisse aus der Differentialrechnung verfügen. In Abhängigkeit von seinen Vorkenntnissen kann jeder Leser selbst bestimmen, welche Teile des Buches er zu studieren hat.

Allen denjenigen, die durch wertvolle Hinweise und Anregungen zur Gestaltung des Buches beitrugen, sei an dieser Stelle herzlich gedankt. Unser besonderer Dank gilt den Mitarbeitern des Forschungszentrums für Theorie und Methodologie der Programmierung der Karl-Marx-Universität Leipzig für die großzügige Unterstützung während der Erarbeitung des Lehrprogrammbuches sowie dem Verlag für das verständnisvolle Entgegenkommen bei der Drucklegung. Wir hoffen, daß das vorliegende Lehrprogrammbuch sich unter den Direkt- und Fernstudenten naturwissenschaftlicher, ökonomischer, pädagogischer und technischer Studienrichtungen sowie unter den Lehrenden zahlreiche Freunde erwerben wird.

Die Verfasser

Inhalt

Das Programm richtet sich vorwiegend an:

Studenten naturwissenschaftlicher, ökonomischer, pädagogischer und technischer Fachrichtungen des 1. Studienjahres; Lehrer; Schüler der oberen Klassen der Erweiterten Oberschule.

Voraussetzungen zum erfolgreichen Durcharbeiten dieses Programms:

Sie benötigen folgende Kenntnisse, Fähigkeiten und Fertigkeiten:

Kenntnisse

- Grundbegriffe der Analysis:
  Grundbegriffe der Logik und Mengenlehre, Abbildungsbegriff, Eigenschaften der reellen Zahlen; Zahlenmengen und -folgen, Grenzwert, Konvergenzkriterien, Rechnen mit konvergenten Zahlenfolgen
- Grenzwerte und Stetigkeit reellwertiger Funktionen einer reellen Veränderlichen:
  Begriff der reellen Funktion einer reellen Veränderlichen, Definitionsbereich, Wertebereich; inverse Funktion, Grenzwert und Stetigkeit, Eigenschaften stetiger Funktionen
- Analysis der elementaren Funktionen:
  rationale Funktionen und Wurzelfunktionen, Exponential- und Logarithmusfunktionen, trigonometrische Funktionen

Fähigkeiten und Fertigkeiten

- Richtiges Anwenden der Begriffe „Menge“, „Abbildung“, „Funktion“
- Fertigkeiten bei der Durchführung von Konvergenzbetrachtungen für Zahlenfolgen
- Nachweis gewisser Eigenschaften für vorgegebene Funktionen: Beschränktheit, Monotonie, Stetigkeit, Periodizität
- Fertigkeiten bei der Bestimmung von Grenzwerten von Funktionen
- Fertigkeiten beim Untersuchen des Funktionsverlaufs für vorgegebene Funktionen

Ziele

Gesamtziele

Dieses Programm soll Grundkenntnisse in der Differentialrechnung wiederholen, erweitern und vertiefen.

Hauptanliegen sind:

die Vermittlung von Kenntnissen über den Ableitungsbegriff,
die Entwicklung von Fertigkeiten beim Differenzieren von Funktionen einer unabhängigen Veränderlichen,
die Entwicklung von Fähigkeiten, das erworbene Wissen sowohl auf innermathematische Probleme als auch auf Probleme der Praxis anzuwenden.

Einzelziele

Der Lernende soll nach der Durcharbeitung des Programms in der Lage sein:

a) den Begriff der Ableitung, ausgehend vom Begriff des Differenzenquotienten, als speziellen Grenzwert $\lim\limits_{h \to 0} \frac{f(x_0 + h) - f(x_0)}{h}$ zu definieren und ihn geometrisch zu deuten;
b) zu begründen, daß die Stetigkeit eine zwar notwendige aber nicht hinreichende Bedingung für die Differenzierbarkeit einer Funktion ist;
c) Beispiele für stetige nichtdifferenzierbare Funktionen anzugeben;
d) die Ableitung eines Produktes und eines Quotienten von elementaren Funktionen selbständig zu bilden;
e) die Ableitung der Umkehrfunktionen von elementaren Funktionen selbständig zu bilden;
f) vorgegebene zusammengesetzte Funktionen als solche zu erkennen und die Ableitung zusammengesetzter Funktionen zu bilden;
g) den Begriff des Differentials $dy = f'(x) \cdot h$ zu beherrschen und zu deuten;
h) den Begriff der Ableitung n-ter Ordnung zu definieren und die höheren Ableitungen elementarer Funktionen zu bilden;
i) den Inhalt des Satzes von Rolle sinngemäß darzulegen, den Satz geometrisch zu deuten und zu beweisen;
j) den Inhalt des Mittelwertsatzes sinngemäß darzulegen, den Satz geometrisch zu deuten und zu beweisen;
k) den Mittelwertsatz bei der näherungsweisen Berechnung von Funktionswerten anzuwenden.

Hinweise für die Arbeit mit dem Programm

Das Darbietungsprogramm und das zugehörige Übungsprogramm haben die Aufgabe, Ihre Kenntnisse, Fähigkeiten und Fertigkeiten auf dem Gebiet der Differentialrechnung für Funktionen einer unabhängigen Veränderlichen zu vertiefen und zu erweitern. Dieses Programm trägt daher wesentlich wiederholenden Charakter.
Die Erarbeitung des Lehrstoffes erfolgt **selbständig** durch den Benutzer. Möglicherweise ist Ihnen diese Form der Wissensaneignung ungewohnt. Wenn Sie jedoch zielstrebig, konzentriert und gewissenhaft arbeiten und außerdem die gegebenen Hinweise sorgfältig beachten, wird der Lernerfolg nicht ausbleiben, und Sie werden Freude an der Arbeit haben.
Das Programm besteht aus zwei Teilen: einem **Darbietungsprogramm** und einem **Übungsprogramm**. Im Darbietungsprogramm wird der Begriff der Ableitung behandelt, wobei eine geeignete Einteilung in **Lehrabschnitte** erfolgt. Im Übungsprogramm werden zusätzlich Übungsaufgaben zum Lehrstoff angegeben.
Bevor Sie mit der Bearbeitung des ersten Lehrabschnitts beginnen, ist eine Kontrolle K_0 (Seite 9) vorgesehen, die Ihnen zeigen soll, ob Sie die geforderten Voraussetzungen für ein erfolgreiches Lernen mit diesem Programm besitzen oder ob gewisse Ergänzungen durch Literaturstudium notwendig sind. Außerdem erfolgen vor jedem Lehrabschnitt (mit Ausnahme des Abschnittes 8) Kontrollen. Mit deren Hilfe ist eine Entscheidung möglich, ob es angeraten ist, den folgenden Lehrabschnitt durchzuarbeiten oder ihn zu überspringen.
Am Ende des Darbietungsprogramms (Seite 109ff.) befindet sich eine **Zusammenfassung** (Basaltext), die Ihnen in knapper Form eine systematische Darstellung des behandelten Lehrstoffes gibt. Gleichzeitig dient diese Zusammenfassung als Wissensspeicher.
Jeder Lehrabschnitt ist in **Lehreinheiten** und weiter in **Lehrschritte** unterteilt. Bei der Anordnung der Lehreinheiten bzw. -schritte (beginnend mit Seite 12) wurde so verfahren, daß im allgemeinen auf einer Seite zwei nicht aufeinanderfolgende Lehrschritte stehen. Beide Seitenhälften sind unabhängig voneinander zu benutzen.
Nach dem Durcharbeiten einer Seitenhälfte müssen Sie umblättern. Sie finden dann den Anschluß zum vorausgegangenen Lehrschritt.

Das allgemeine Bild einer Seite ergibt sich so:

X	Lösung bzw. Antwort zum vorausgegangenen Lehrschritt Stoffvermittlung Aufgaben- oder Fragestellung Steueroperator(en) ——▶ $x + 1$
Y	Lösung bzw. Antwort zum vorausgegangenen Lehrschritt Stoffvermittlung Aufgaben- oder Fragestellung Steueroperator(en) ——▶ $y + 1$

Bevor Sie mit dem Studium dieses Programms beginnen, beachten Sie bitte folgende Hinweise:

– Legen Sie sich für Lösungszwischenschritte, Nebenrechnungen u.ä. ein Arbeitsheft an!
– Antworten und Lösungen werden in das Programm eingetragen.
– Gehen Sie so vor, wie das Programm es vorschreibt!
– Arbeiten Sie aufmerksam und konzentriert!
– Arbeiten Sie ehrlich! Suchen Sie die Lösungen erst dann auf, wenn Sie die gestellten Aufgaben selbständig gelöst haben!
– Es ist zu empfehlen, nach jedem Lehrabschnitt eine Arbeitspause einzulegen.
– Die Aufgaben im Übungsprogramm dienen der Festigung und Vertiefung Ihrer Kenntnisse. Wir empfehlen Ihnen daher, den Hinweisen zur Benutzung des Übungsprogramms zu folgen.

Wenn Sie gewissenhaft arbeiten, wird Ihnen das Lernen mit diesem Programm bestimmt Freude bereiten!
Wir wünschen Ihnen dabei viel Erfolg!

Zeichenerklärung

————→ x	Gehen Sie zum Lehrschritt x des Darbietungsprogramms!
————→ Üx	Gehen Sie zum Lehrschritt x des Übungsprogramms!
————→ K_x	Arbeiten Sie die angegebene Kontrolle durch!
————→ Z_x	Gehen Sie zum angegebenen Abschnitt der Zusammenfassung (Basaltext)!
—— K_x ——↩	Korrigieren Sie Ihre Fehler in der Kontrolle K_x und kehren Sie dann hierher zurück!

$U(x_0) = \{x \mid x \in (x_0 - c, x_0 + c)\},\ c > 0$	Umgebung von x_0
$U_r(x_0) = \{x \mid x \in [x_0, x_0 + c)\},\ c > 0$	rechtsseitige Umgebung von x_0
$U_l(x_0) = \{x \mid x \in (x_0 - c, x_0]\},\ c > 0$	linksseitige Umgebung von x_0

N Menge der natürlichen Zahlen

G Menge der ganzen Zahlen

P Menge der rationalen Zahlen

R Menge der reellen Zahlen

$\exists$ „es gibt ein"

$\forall$ „für alle"

Literatur

[1] Dallmann, H.; Elster, K.-H.: Einführung in die höhere Mathematik für Naturwissenschaftler und Ingenieure, Band I, VEB Gustav Fischer Verlag, Jena 1968

[2] Fichtenholz, G. M.: Differential- und Integralrechnung, Band I, 6. Auflage, VEB Deutscher Verlag der Wissenschaften, Berlin 1971

[3] Pforr, A.; Schirotzek, W.: Differential- und Integralrechnung für Funktionen mit einer Variablen, Band 2 des Lehrwerks „Mathematik für Ingenieure, Naturwissenschaftler, Ökonomen und Landwirte", BSB B. G. Teubner Verlagsgesellschaft, Leipzig 1973

Vorkontrolle

K_0

Für die erfolgreiche Durcharbeitung des Programms sind gewisse Kenntnisse, Fähigkeiten und Fertigkeiten erforderlich, die als gegeben angesehen werden. (Vgl. Seite 4!)
Die folgenden Aufgaben dienen zur Selbstkontrolle und zeigen Ihnen, ob Sie die Durcharbeitung des Programms sofort in Angriff nehmen können oder ob Sie noch vorbereitende Literatur heranziehen müssen.

! Rechnen Sie alle Kontrollaufgaben im Arbeitsheft!

1) Gegeben sei $f(x) = \frac{1}{x-2}$, $x \neq 2$.
   a) Bestimmen Sie den Wertevorrat der Funktion!
   b) Zeichnen Sie das Bild der Funktion!
   c) Ermitteln Sie den analytischen Ausdruck der Umkehrfunktion!
   d) Zeichnen Sie das Bild der Umkehrfunktion!

2) Bestimmen Sie für $f(x) = x + \frac{|x|}{x}$, $x \neq 0$, den rechts- und den linksseitigen Grenzwert an der Stelle $x_0 = 0$!

3) Wie ist die Stetigkeit einer Funktion $f(x)$ an der Stelle x_0 definiert?

4) Ist die Funktion

$$f(x) = \begin{cases} x^2 + x - 1 & \text{für } x \in [-4, 0), \\ 0 & \text{für } x = 0, \\ \dfrac{x^2+1}{x+1} & \text{für } x \in (0, 4] \end{cases}$$

auf ihrem gesamten Definitionsbereich stetig?

Hinweis: $f(x)$ ist *eine* Funktion, die lediglich durch mehrere analytische Ausdrücke dargestellt wird.

! Nachdem Sie alle Aufgaben sorgfältig gelöst haben, blättern Sie um!

→ L_0

L₀

Lösung — Punkte

1) a) Wertevorrat: $(-\infty, 0) \cup (0, \infty)$ — 1
(Man schreibt kürzer: $f(x) \neq 0$).

b) Bild der Funktion:

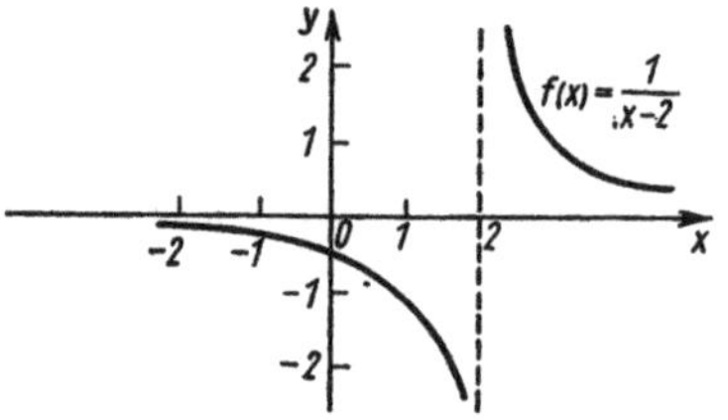

Abb. 1 — 1

c) $f^{-1}(x) = \frac{1}{x} + 2, \; x \neq 0$ — 1

d) Bild der Umkehrfunktion:

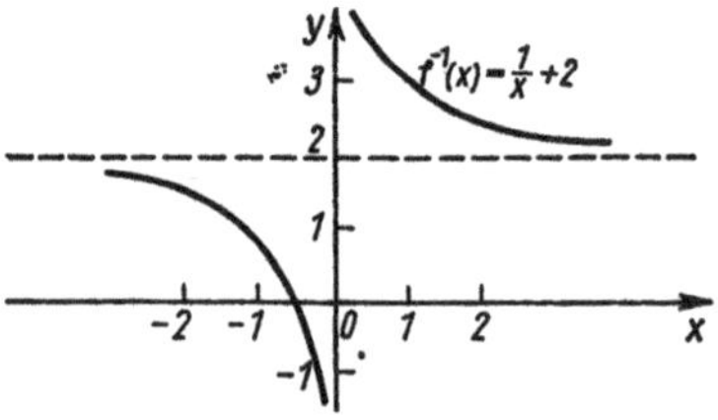

Abb. 2 — 1

2) $\lim\limits_{h \to +0} f(x_0 + h) = \lim\limits_{h \to +0} \left(h + \frac{h}{h}\right) = \lim\limits_{h \to +0} (h + 1) = \;\; 1,$ — 1

$\lim\limits_{h \to -0} f(x_0 + h) = \lim\limits_{h \to -0} \left(h - \frac{h}{h}\right) = \lim\limits_{h \to -0} (h - 1) = -1$ — 1

3) $f(x)$ heißt an der Stelle x_0 stetig, wenn gilt:

a) $\lim\limits_{x \to x_0} f(x) = f(x_0)$ — 1

oder

b) $\lim\limits_{h \to 0} f(x_0 + h) = f(x_0)$

oder

c) Zu jedem $\varepsilon > 0$ existiert ein $\delta = \delta(\varepsilon) > 0$ derart, daß $|f(x) - f(x_0)| < \varepsilon$ ist für jedes x mit $|x - x_0| < \delta$.

Hinweis: Sie erhalten den Punkt, wenn Sie eine dieser Bedingungen genannt haben.

4) $f(x)$ ist auf dem Intervall $[-4, 4]$ nicht stetig, weil an der Stelle $x_0 = 0$ gilt:
$\lim\limits_{x \to +0} f(x) = 1$ und $\lim\limits_{x \to -0} f(x) = -1.$ — 1

Erreichbare Punktzahl: — 8

! Addieren Sie die von Ihnen erreichten Punktzahlen!
Schätzen Sie Ihre Kenntnisse kritisch ein!
Folgende Bewertung dient zu Ihrer Orientierung:

8 Punkte	Sehr gut	————▸ K_1, Seite 87
6 und 7 Punkte	Gut	————▸ K_1, Seite 87
weniger als 6 Punkte		————▸ W

W Wenn Sie weniger als 6 Punkte erreicht haben, dann frischen Sie Ihre Kenntnisse mit Hilfe der angegebenen Literatur auf.
Wir geben Ihnen dazu folgende Unterstützung:

Wenn Sie Schwierigkeiten hatten bei	dann wiederholen Sie mit Hilfe von [1] oder	[2] oder	[3]
Aufgabe 1,	S. 92ff.	S. 80ff.	
Aufgabe 2,	S. 110ff.	S. 100ff.	S. 10ff.
Aufgabe 3,	S. 135ff.	S. 130ff.	S. 25ff.
Aufgabe 4,	S. 140ff.	S. 134ff.	S. 32ff.

! Versuchen Sie danach erneut, die Aufgaben der Kontrolle K_0 zu lösen!

————▸ K_0, Seite 9

I

1. Begriff der Ableitung

Für das Verständnis von Naturvorgängen und technischen Prozessen sowie für deren mathematische Behandlung ist die **Differentialrechnung** von großer Bedeutung.
Grundbegriff dieser mathematischen Disziplin ist der Begriff der **Ableitung**, den wir im folgenden behandeln wollen.
So kann man z.B. die Geschwindigkeit und die Beschleunigung einer Bewegung mit Hilfe von Ableitungen erfassen. Ebenso führt die von der Elementargeometrie her bekannte Aufgabe, an eine gegebene (stetige) Kurve im Punkte P_0 die **Tangente** zu konstruieren, auf den Begriff der Ableitung.

→ 2, Seite 14

39

$$\lim_{x \to 0} f(x) = 0$$

(wegen
$$\lim_{x \to +0} f(x) = \lim_{x \to +0} |\sin x| = \lim_{x \to +0} \sin x = 0,$$
$$\lim_{x \to -0} f(x) = \lim_{x \to -0} |\sin x| = \lim_{x \to -0} (-\sin x) = 0)$$
$$f(0) \quad = 0.$$

Differenzieren von $f(x)$ in $x_0 = 0$ bedeutet allgemein:

$f_r'(0)$ und $f_l'(0)$ existieren mit

$f_r'(0) = f_l'(0)$.

Speziell für $f(x) = |\sin x|$ erhält man:

$f_r'(0) = \ldots\ldots\ldots\ldots\ldots\ldots$,

$f_l'(0) = \ldots\ldots\ldots\ldots\ldots\ldots$.

Hinweis: $\lim_{h \to 0} \frac{\sin h}{h} = 1$

Also ist $f(x) = |\sin x|$ in $x_0 = 0$ ....
(differenzierbar/nicht differenzierbar)

→ 40

6. Ableitung der Umkehrfunktion 77

Wie Ihnen bekannt ist, existiert für eine streng monotone und stetige Funktion $f(x)$, $x \in [a, b]$, die Umkehrfunktion $f^{-1}(y)$, die auf dem Intervall $[f(a), f(b)]$ (falls $f(x)$ streng zunimmt) bzw. auf dem Intervall $[f(b), f(a)]$ (falls $f(x)$ streng abnimmt) erklärt ist.
Außerdem folgt aus der Stetigkeit von $f(x)$ die Stetigkeit der Umkehrfunktion $f^{-1}(y)$. Es erhebt sich nun die Frage, ob eine entsprechende Aussage auch hinsichtlich der Differenzierbarkeit gilt.
Dazu erfolgt zunächst eine geometrische Betrachtung, die von der Tatsache ausgeht, daß die Bilder der Funktionen $f(x)$ und $f^{-1}(y)$ übereinstimmen.

! Vergegenwärtigen Sie sich diesen Sachverhalt an Hand einer Skizze!

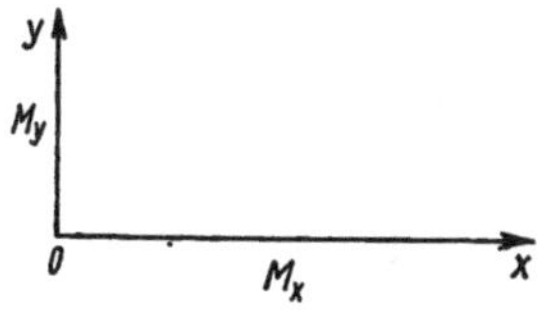

Abb. 19

→ 78

114

$$f'(x_0) = \frac{dy}{dx}.$$

Daher erklärt sich die Bezeichnung „Differentialquotient“ an Stelle von „Ableitung“.

Bemerkung: Wenn hingegen $\frac{dy}{dx}$ nur als andere Schreibweise für die Ableitung $f'(x)$ verwendet wird, so liest man „dy **nach** dx“.

Die Sachverhalte

„dy **durch** dx“ (Quotient zweier Differentiale)
und „dy **nach** dx“ (andere Bezeichnung für Ableitung)

sind logisch zu unterscheiden.

Aus Abb. 23 (Seite 75) ist zu entnehmen, daß für $h \to 0$ die Sekante s in die Tangente t übergeht.
Dabei gilt:

$$P \to P_0 \quad \text{und} \quad \Delta y \to dy.$$

Das Differential dy ist dem Argumentzuwachs dx
.... proportional.
(direkt/indirekt)

→ 115

2 Gegeben sei die Funktion $f(x)$, $x \in U(x_0)$, sowie eine variable Größe $h \neq 0$ derart, daß stets $[x_0, x_0 + h] \subset U(x_0)$.
Die Sekante s durch die Kurvenpunkte P_0 und P (vgl. Abb. 4) schließe mit der positiven Richtung der x-Achse den Winkel α_s ein.

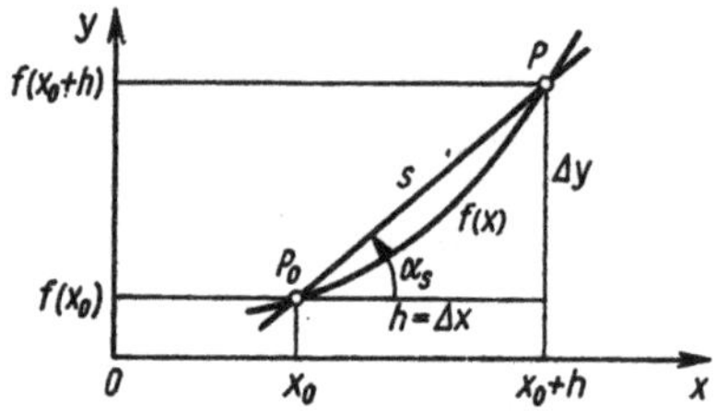

Abb. 4

1) Überlegen Sie, wie man zum Anstieg der Kurve in P_0 gelangen kann! (Hinweis: Sehen Sie P als variablen Punkt an!)
2) Berechnen Sie den Anstieg $\tan \alpha_s \,|_{x=x_0}$ der Sekante s!

$\tan \alpha_s|_{x=x_0} =$ ....

Hinweis: Beachten Sie, daß es mehrere Schreibweisen gibt!

→ 3

40

$$f_r'(0) = \lim_{h \to +0} \frac{f(0+h) - f(0)}{h} = \lim_{h \to +0} \frac{|\sin h| - |\sin 0|}{h}$$
$$= \lim_{h \to +0} \frac{\sin h}{h} = 1,$$
$$f_l'(0) = \lim_{h \to -0} \frac{f(0+h) - f(0)}{h} = \lim_{h \to -0} \frac{|\sin h| - |\sin 0|}{h}$$
$$= -\lim_{h \to -0} \frac{\sin h}{h} = -1.$$

Also ist $f(x) = |\sin x|$ in $x_0 = 0$ nicht differenzierbar wegen $f_r'(0) \neq f_l'(0)$.

Wir empfehlen, die von Ihnen nicht richtig gelösten Aufgaben der Kontrolle K_2 (Seite 89) jetzt nochmals zu lösen, Ihre Fehler zu korrigieren und dann hierher zurückzukehren.

— K_2 (Seite 89) ↩

Wenn Sie weitere Beispiele zu diesem Lehrabschnitt kennenlernen wollen,

dann → Ü 13, Seite 142
sonst → Z_2, Seite 110

78

Wenn man im Falle der Existenz der Umkehrfunktion in ein- und demselben Koordinatensystem die Bilder der Funktionen

$$f(x): M_x \to M_y$$

und

$$f^{-1}(y): M_y \to M_x$$

betrachtet (Abb. 20), so leuchtet unmittelbar ein, daß diese auf Grund der eineindeutigen Zuordnung zusammenfallen.

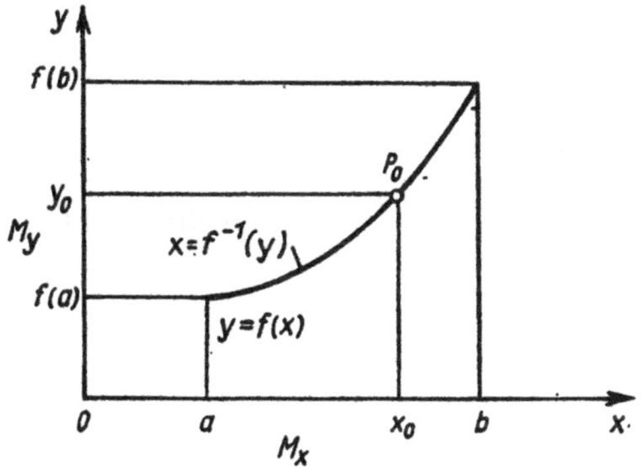

Abb. 20

Es gilt

$$y_0 = f(x_0) \text{ und } x_0 = f^{-1}(y_0) \ \forall\, x_0 \in M_x.$$

Welche Folgerung kann man hinsichtlich der den beiden Funktionen $f(x)$ und $f^{-1}(y)$ entsprechenden Kurven ziehen, wenn angenommen wird, daß in allen Punkten Tangenten existieren?

→ 79

115

dy ist dx *direkt* proportional

wegen $dy = f'(x_0) \cdot dx$.

Beispiel:

Für $f(x) = x^4$ ist die Ableitung an der Stelle x_0

$f'(x_0) = \ldots\ldots\ldots$

und damit das Differential an dieser Stelle

$dy = \ldots\ldots\ldots\ldots$

→ 116

3 1) Ihre Antwort muß mit der folgenden sinngemäß übereinstimmen:

Die Anschauung legt nahe, den Anstieg der Kurve in P_0 als Anstieg der Tangente in P_0 aufzufassen und letztere als „Grenzlage“ von „Sekantenfolgen“ zu erklären.

2) $\tan \alpha_s \Big|_{x=x_0} = \frac{\Delta y}{\Delta x}\Big|_{x=x_0} = \frac{f(x_0 + \Delta x) - f(x_0)}{\Delta x} = \frac{f(x_0 + h) - f(x_0)}{h}$

An Stelle von $\Delta x = h$ kann auch $(x_0 + h) - x_0$ geschrieben werden, so daß die Beziehung

$$\frac{\Delta y}{\Delta x}\Big|_{x=x_0} = \frac{f(x_0 + h) - f(x_0)}{(x_0 + h) - x_0}$$

einen Quotienten zweier Differenzen darstellt. Wir sprechen daher vom **Differenzenquotienten** der Kurve in P_0.

Berechnen Sie nun den Differenzenquotienten für die Funktion $f(x) = x^2$, $x \in \mathsf{R}$, an der Stelle $x_0 = 1$!

$$\frac{\Delta y}{\Delta x}\Big|_{x_0=1} = \dots\dots\dots\dots\dots\dots$$

→ 4

41

Ihre Antwort ist richtig, denn es gilt $\lim\limits_{x \to 0} |\sin x| = f(0)$, d.h., $f(x)$ ist in x_0 stetig.

$f(x) = |\sin x|$ ist wegen $f_r'(0) = +1$, $f_l'(0) = -1$ in $x_0 = 0$ nicht differenzierbar (wohl aber rechtsseitig und linksseitig differenzierbar).

Hinweis: Die geometrische Veranschaulichung dieses Sachverhaltes entnehmen Sie Abb. 18, Seite 86.

Wir empfehlen, die von Ihnen nicht richtig gelösten Aufgaben der Kontrolle K_2 (Seite 89) jetzt nochmals zu lösen, Ihre Fehler zu korrigieren und dann hierher zurückzukehren.

→ K_2 (Seite 89) ↩

Wenn Sie weitere Beispiele zu diesem Lehrabschnitt kennenlernen wollen,

dann → Ü 13, Seite 142
sonst → Z_2, Seite 110

79

Aus dem Zusammenfallen der Kurven folgt das der Tangenten.

Betrachten wir nun eine Funktion $f(x)$, die auf $[a, b]$ streng zunehmend ist. Wenn wir annehmen, daß die Tangenten an die Bildkurve auf (a, b) nirgends parallel zu den Koordinatenachsen verlaufen, so kann man aus der Anschauung sogar Hinweise über den Wert der Ableitung von $f^{-1}(y)$ entnehmen.
Dazu betrachten wir in Abb. 20, Seite 15, den festen Kurvenpunkt P_0 mit den Koordinaten (x_0, y_0) und bezeichnen die Richtungswinkel der durch P_0 gehenden Tangente t_0 bezüglich der x-Achse mit α_0, bezüglich der y-Achse mit β_0.

! Führen Sie die Zeichnung im Arbeitsheft aus, und vergleichen Sie!

→ 80

116

$$f'(x_0) = 4x_0^3,$$
$$dy = 4x_0^3 dx.$$

Wir zeigen Ihnen nun, wie der Begriff des Differentials in einer praktischen Fragestellung Anwendung findet.
Für hinreichend kleinen Argumentzuwachs dx unterscheidet sich das Differential dy vom Funktionszuwachs Δy beliebig wenig.

Es gilt also

$$dy \;\ldots\ldots\; dx$$

→ 117

4

$$\left.\frac{\Delta y}{\Delta x}\right|_{x_0=1} = \frac{(1+h)^2-1}{h} = 2+h.$$

Wir setzen unsere allgemeinen Betrachtungen fort:
Für $h \to 0$ „dreht" sich die Sekante s (siehe Abb. 4, Seite 14) um den festen Punkt $P_0(x_0, f(x_0))$ und geht dabei unter gewissen Voraussetzungen in eine wohlbestimmte Grenzlage t über, die wir dann als **Tangente** an die Kurve in P_0 bezeichnen. *Als Tangente verstehen wir also die Grenzlage aller möglichen Sekanten durch P_0, wenn sich der variable Punkt P dem Punkt P_0 unbegrenzt nähert.*
Die analytische Fassung dieses geometrischen Sachverhaltes führt dazu, den Anstieg $\tan \alpha_t|_{x=x_0}$ von t als Grenzwert der Anstiege

$\tan \alpha_s|_{x=x_0}$ für $h \to 0$ aufzufassen.

Also gilt $\tan \alpha_t|_{x=x_0} = \lim\limits_{h\to 0} \tan \alpha_s|_{x=x_0}$.

Schreiben Sie $\tan \alpha_t|_{x=x_0}$ als Grenzwert von Differenzenquotienten auf!

$\tan \alpha_t|_{x=x_0} =$ ....

→ 5

42

3. Produktregel

Die Herleitung der „Produktregel" ist gleichbedeutend mit dem Beweis von

> **S. 3. 1.** (**„Produktregel"**). Wenn $f_1(x)$ und $f_2(x)$ auf (a, b) differenzierbar sind, dann ist auch das Produkt
>
> $p(x) = f_1(x) \cdot f_2(x)$
> dort differenzierbar, und es gilt für jedes $x_0 \in (a, b)$
>
> $$\boxed{p'(x_0) = f_1'(x_0) \cdot f_2(x_0) + f_1(x_0) \cdot f_2'(x_0)}\ .$$

Beweis: Der Differenzenquotient des Produktes $p(x) = f_1(x) \cdot f_2(x)$ an der Stelle $x_0 \in (a, b)$ ist gegeben durch

$$\frac{p(x_0+h)-p(x_0)}{h} = \text{........................}$$

→ 43

80

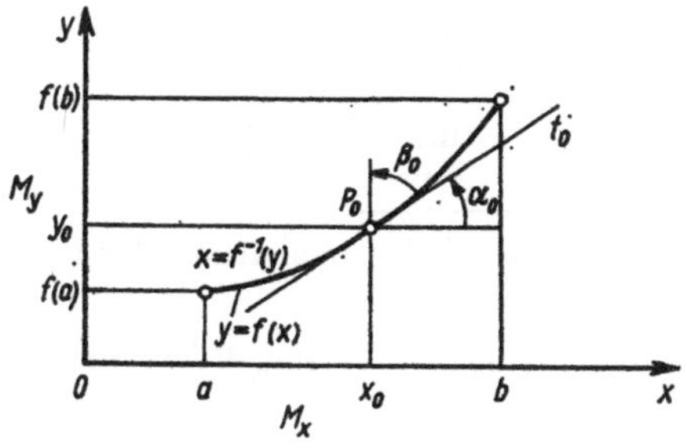

Abb. 21

Wegen $\alpha_0 + \beta_0 = \frac{\pi}{2}$ erhält man für den Anstieg der Bildkurve von $f^{-1}(y)$ im Punkte P_0

$$\frac{df^{-1}}{dy} = \tan \beta_0 = \ldots\ldots\ldots\ldots\ldots\ldots$$

Hinweis: Verwenden Sie die Beziehung $\tan \alpha_0 \cdot \tan \beta_0 = 1$.

→ 82

Wenn Sie für die Lösung der Aufgabe zusätzliche Hilfe benötigen

→ 81

117

$dy \approx dx$
(für hinreichend kleines dx)

Diesen Sachverhalt benutzt man bei der Anwendung des Differentials in der Fehlerrechnung.
Dazu betrachten wir einen Vorgang, bei dem zwei (veränderliche) Größen x und y in einer Beziehung zueinander stehen, die durch eine Funktion beschrieben werden kann: $y = f(x)$.
(Zum Beispiel ist beim mathematischen Pendel die Abhängigkeit der Schwingungsdauer T von der Pendellänge l durch $T = 2\pi \sqrt{\frac{l}{g}}$ gegeben.)
Im allgemeinen sind die Messungen der Größe x mit einem Meßfehler Δx behaftet (z. B. Ablesegenauigkeit), der als Zuwachs dx der Veränderlichen x aufgefaßt wird. Die dadurch bedingte Ungenauigkeit von y läßt sich durch die Differenz der Funktionswerte

$$\Delta y = \ldots\ldots\ldots\ldots$$

ausdrücken.

→ 118

5

$$\tan \alpha_t|_{x=x_0} = \lim_{\Delta x \to 0} \frac{\Delta y}{\Delta x}\bigg|_{x=x_0} = \lim_{\Delta x \to 0} \frac{f(x_0 + \Delta x) - f(x_0)}{\Delta x}$$

$$= \lim_{h \to 0} \frac{f(x_0 + h) - f(x_0)}{h}.$$

Wenn dieser Grenzwert existiert, so wird er **Ableitung** der Funktion $f(x)$ an der Stelle x_0 genannt und mit

$$f'(x_0) = \lim_{\Delta x \to 0} \frac{f(x_0 + \Delta x) - f(x_0)}{\Delta x} = \lim_{h \to 0} \frac{f(x_0 + h) - f(x_0)}{h}$$

bezeichnet. Es gilt

$$f'(x_0) = \tan \alpha_t|_{x=x_0} = \lim_{h \to 0} \tan \alpha_s|_{x=x_0}.$$

α_t ist der Winkel, den die (nicht vertikale) Tangente t mit der positiven Richtung der x-Achse einschließt.
Veranschaulichen Sie für die gegebene Kurve (Abb. 5) Differenzenquotient und Ableitung an der Stelle x_0. Zeichnen Sie insbesondere α_s, t und α_t ein!

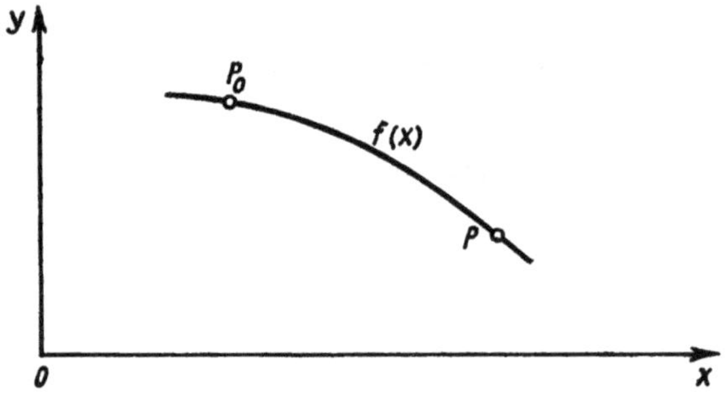

Abb. 5

→ 6

43

$$\frac{p(x_0 + h) - p(x_0)}{h} = \frac{f_1(x_0 + h) \cdot f_2(x_0 + h) - f_1(x_0) \cdot f_2(x_0)}{h}$$

Um bekannte Grenzwertsätze anwenden zu können, formen wir den obigen Quotienten in geeigneter Weise um.
Dazu addieren wir im Zähler des Quotienten Null in der Form

$$f_1(x_0) \cdot f_2(x_0 + h) - f_1(x_0) \cdot f_2(x_0 + h)$$

und erhalten

$$\frac{p(x_0 + h) - p(x_0)}{h} = \ldots\ldots\ldots\ldots\ldots\ldots\ldots\ldots\ldots\ldots$$

→ 44

81

Es gilt

$$\frac{df^{-1}(y_0)}{dy} = \tan\beta_0 = \tan\left(\frac{\pi}{2} - \alpha_0\right) = \cot\alpha_0 = \frac{1}{\tan\alpha_0},$$

falls $\alpha_0 \neq 0$, und damit

$$\frac{df^{-1}(y_0)}{dy} = \frac{1}{f'(x_0)}, \text{ falls } f'(x_0) \neq 0.$$

Formulieren Sie auf Grund dieser Betrachtungen eine Aussage über die Ableitung der Umkehrfunktion $f^{-1}(y)$ in Form eines Satzes!

! Vergleichen Sie Ihr Ergebnis!

→ 83

118

$$\Delta y = f(x + \Delta x) - f(x)$$

Man nennt Δy den **absoluten Fehler** von y.

Für hinreichend kleines $|\Delta x|$ gilt $\Delta y \approx dy$ und damit

$$|\Delta y| \approx \ldots\ldots$$

→ 119

6

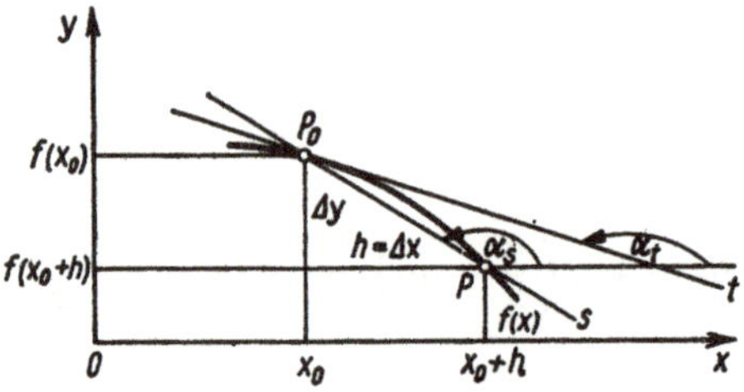

Abb. 6

Falls Sie diese Darstellung nicht erhalten haben, vergleichen Sie mit Abb. 3, Seite 88

Wir fassen zusammen und definieren:

D. 1. 1. Von der auf $U(x_0)$ definierten Funktion $f(x)$ sagt man, sie besitze an der Stelle x_0 eine Ableitung oder sie sei dort differenzierbar, wenn der Grenzwert

$$f'(x_0) = \lim_{\Delta x \to 0} \left.\frac{\Delta y}{\Delta x}\right|_{x=x_0} = \lim_{h \to 0} \frac{f(x_0+h) - f(x_0)}{h}$$

existiert.

Bemerkung: In den folgenden Darlegungen wird die Schreibweise mit Δx weggelassen.
Prägen Sie sich den Inhalt dieser Definition gut ein!

→ 7

44

$$\frac{p(x_0+h) - p(x_0)}{h}$$

$$= \frac{1}{h}\,[f_1(x_0+h) \cdot f_2(x_0+h) - f_1(x_0) \cdot f_2(x_0) + f_1(x_0) \cdot f_2(x_0+h)$$
$$-f_1(x_0) \cdot f_2(x_0+h)].$$

Wir schreiben diesen Quotienten in der Form

$$(*)\ \frac{f_1(x_0+h) - f_1(x_0)}{h} \cdot f_2(x_0+h) + f_1(x_0) \cdot \frac{f_2(x_0+h) - f_2(x_0)}{h}.$$

$f_2(x)$ ist in x_0 differenzierbar und folglich auch in x_0 stetig.
Es gilt somit

$$\lim_{h \to 0} f_2(x_0+h) = f_2(x_0).$$

Berechnen Sie unter Berücksichtigung dieses Hinweises und bekannter Grenzwertsätze (siehe [1], Seite 117; [2], Seite 100ff.; [3], Seite 20ff.) den Grenzwert von (*) für $h \to 0$.

→ 47

Wenn Sie hierzu weitere Hinweise benötigen → 45

82

$$\frac{df^{-1}(y_0)}{dy} = \tan \beta_0 = \frac{1}{\tan \alpha_0} = \frac{1}{f'(x_0)}, \text{ falls } f'(x_0) \neq 0.$$

Wenn Sie dieses Ergebnis nicht erhalten haben ———▶ 81
sonst ———▶ 83

119

$$|\Delta y| \approx |f'(x)| \cdot |\Delta x|.$$

Damit gelangen wir zu folgendem Ergebnis:
Der Betrag des absoluten Fehlers Δy ist näherungsweise gleich dem Produkt der Beträge von Ableitung und Zuwachs der Veränderlichen x.

Bekanntlich versteht man unter dem **relativen Fehler** von y die dimensionslose Zahl $\frac{\Delta y}{y}$.
Im Falle $y = f(x) \neq 0$ ergibt sich für den Betrag des relativen Fehlers von y

$$\left|\frac{\Delta y}{y}\right| \approx \ldots\ldots\ldots\ldots\ldots .$$

———▶ 120

7

Beispiel:

Unter Verwendung von D.1.1. ist die Ableitung der Funktion $f(x) = \frac{1}{x^2}$, $x \neq 0$, an der Stelle x_0 zu bilden!

Aus $f(x_0) = \ldots\ldots$ und $f(x_0 + h) = \ldots\ldots\ldots\ldots\ldots\ldots$

folgt zunächst $\frac{f(x_0+h)-f(x_0)}{h} = \ldots\ldots\ldots\ldots\ldots\ldots\ldots$

$= \ldots\ldots\ldots\ldots\ldots\ldots\ldots$

Hinweis: Vereinfachen Sie den erhaltenen Differenzenquotienten weitgehend!

→ 8

45

Da der Grenzwert einer Summe von Funktionen gleich der Summe der Grenzwerte der Summanden ist — falls diese Grenzwerte existieren —, ergibt sich für den Grenzwert des Differenzenquotienten

$$\lim_{h \to 0} \frac{p(x_0 + h) - p(x_0)}{h} = \lim_{h \to 0} \left[\frac{f_1(x_0 + h) - f_1(x_0)}{h} \cdot f_2(x_0 + h)\right]$$

$$+ \lim_{h \to 0} \left[f_1(x_0) \cdot \frac{f_2(x_0 + h) - f_2(x_0)}{h}\right].$$

→ 46

83

Über die Ableitung der Umkehrfunktion gilt

S. 6. 1. Die Funktion $f(x)$ sei auf $[a, b]$ streng monoton und auf (a, b) differenzierbar. Dann ist für jedes $x_0 \in (a, b)$ mit $f'(x_0) \neq 0$ die inverse Funktion

$f^{-1}(y)$, $y \in [f(a), f(b)]$ (bzw. $y \in [f(b), f(a)]$)

an der x_0 entsprechenden Stelle $y_0 = f(x_0)$ ebenfalls differenzierbar, und es gilt:

$$\boxed{\frac{\mathrm{d}f^{-1}(y_0)}{\mathrm{d}y} = \frac{1}{f'(x_0)}}.$$

Wenn Sie den Beweis dieses Satzes kennenlernen wollen,

dann ⟶ 84
sonst ⟶ 88

120

$$\left|\frac{\Delta y}{y}\right| \approx \left|\frac{f'(x)}{f(x)}\right| \cdot |\Delta x|.$$

Beispiel:

Um den Betrag des relativen Fehlers von

$$y = cx^{\alpha},\ x > 0;\ \alpha, c \in \mathbf{R}$$

zu ermitteln, berechnen wir zunächst

$$\frac{\mathrm{d}y}{\mathrm{d}x} = \ldots\ldots\ldots\ldots .$$

⟶ 121

8

$$f(x_0) = \frac{1}{x_0^2}, \quad f(x_0 + h) = \frac{1}{(x_0 + h)^2},$$

$$\frac{f(x_0 + h) - f(x_0)}{h} = \frac{1}{h} \cdot \left(\frac{1}{(x_0 + h)^2} - \frac{1}{x_0^2} \right)$$

$$= - \frac{2x_0 + h}{(x_0 + h)^2 x_0^2}.$$

Der Grenzwert des Differenzenquotienten für $h \to 0$ ergibt die Ableitung

$$f'(x_0) = \lim_{h \to 0} \frac{f(x_0 + h) - f(x_0)}{h} = \ldots\ldots\ldots\ldots\ldots.$$

——→ 9

46

Da ferner der Grenzwert eines Produktes von Funktionen gleich dem Produkt der Grenzwerte der Faktoren ist – falls diese Grenzwerte existieren –, ergibt sich

$$\lim_{h \to 0} \frac{p(x_0 + h) - p(x_0)}{h} = \lim_{h \to 0} \frac{f_1(x_0 + h) - f_1(x_0)}{h} \cdot \lim_{h \to 0} f_2(x_0 + h)$$

$$+ f_1(x_0) \cdot \lim_{h \to 0} \frac{f_2(x_0 + h) - f_2(x_0)}{h}$$

oder

$$p'(x_0) = \ldots\ldots\ldots \cdot f_2(x_0) + f_1(x_0) \cdot \ldots\ldots\ldots$$

! Vervollständigen Sie diese Beziehung!

Dann ——→ 47

84

Beweis: Wir führen den Beweis für eine auf $[a, b]$ streng zunehmende Funktion $f(x)$. Bei dem Differenzenquotienten

$$\frac{f^{-1}(y_0 + k) - f^{-1}(y_0)}{(y_0 + k) - y_0}$$

werde k stets so gewählt, daß gilt $y_0 + k \in (f(a), f(b))$.

Setzt man

$$f^{-1}(y_0 + k) = x_0 + h,$$

so ergibt sich aus den Voraussetzungen

$$h \neq \dots\dots\dots,$$

$$x_0 + h \in \dots\dots\dots\dots .$$

→ 85

121

$$\frac{\mathrm{d}y}{\mathrm{d}x} = c\alpha x^{\alpha-1}.$$

Damit erhält man notwendigerweise als Betrag $\left|\frac{\Delta y}{y}\right|$ des relativen Fehlers von y:

$$\left|\frac{\Delta y}{y}\right| \approx \dots\dots\dots\dots\dots .$$

Wenn Sie die Aufgabe selbständig lösen können → 123

Wenn Sie Hilfe benötigen → 122

9

$$f'(x_0) = -\frac{2}{x_0^3}.$$

(Sollten Sie diese Lösung nicht gefunden haben, dann vergleichen Sie Ihre Aufzeichnungen mit folgenden Zwischenschritten:

$$f'(x_0) = \lim_{h\to 0}\left[-\frac{2x_0+h}{(x_0+h)^2x_0^2}\right] = -\frac{1}{x_0^2}\lim_{h\to 0}\frac{2x_0+h}{x_0^2+2x_0h+h^2}$$

$$= -\frac{1}{x_0^2}\cdot\frac{2x_0}{x_0^2} = -\frac{2}{x_0^3}.)$$

Lösen Sie nun selbständig die folgende Aufgabe in gleicher Weise:

Es ist $f(x) = x^2 + x$, $x \in \mathbf{R}$, an der Stelle $x_0 = 3$ zu differenzieren!

$f'(x_0) = \ldots\ldots\ldots,$

$f'(3) = \ldots\ldots\ldots\ .$

→ 10

47

$$p'(x_0) = f_1'(x_0)\cdot f_2(x_0) + f_1(x_0)\cdot f_2'(x_0).$$

Damit ist die Produktregel (Lehrschritt 42, Seite 18) bewiesen.

! Prägen Sie sich den Inhalt dieses Satzes gut ein!

Beispiel:

Mit Hilfe der „Produktregel" ist die Ableitung der Funktion $f(x) = (x + x^2)\cdot(5x - 6)$, $x \in \mathbf{R}$, an der Stelle x_0 zu bilden.

In diesem Falle setzen wir

$f_1(x) = \ldots\ldots\ldots\ldots, x \in \mathbf{R},$

und

$f_2(x) = \ldots\ldots\ldots\ldots, x \in \mathbf{R}.$

Die Ableitungen dieser Funktionen an der Stelle x_0 sind

$f_1'(x_0) = \ldots\ldots\ldots\ldots,$

$f_2'(x_0) = \ldots\ldots\ldots\ldots\ .$

→ 48

85

$h \neq 0$,

$x_0 + h \in (a, b)$.

(Wenn Sie dieses Ergebnis nicht erhalten haben, machen Sie sich bitte den Sachverhalt noch einmal mit Hilfe von Abb. 21 (Seite 19) klar, die entsprechend zu ergänzen ist.)

Wegen $y_0 = f(x_0)$, $y_0 + k = f(x_0 + h)$ erhalten wir

$$\frac{f^{-1}(y_0 + k) - f^{-1}(y_0)}{(y_0 + k) - y_0} = \frac{(x_0 + h) - x_0}{f(x_0 + h) - f(x_0)} = \frac{1}{\frac{f(x_0 + h) - f(x_0)}{h}}.$$

Wegen der Stetigkeit von $f^{-1}(y)$ an der Stelle y_0 ergibt sich für $k \to 0$ sofort $h \to 0$.

Für $h \to 0$ strebt der Ausdruck $\frac{1}{\frac{f(x_0 + h) - f(x_0)}{h}}$ gegen $\frac{1}{f'(x_0)}$.

Wenn Sie diese Schlüsse nicht verstehen ——▶ 86

sonst ——▶ 87

122

Wegen $|\Delta y| \approx |\mathrm{d}y|$ gilt $\left|\frac{\Delta y}{y}\right| \approx \frac{\mathrm{d}y}{y}$.

Unter Beachtung von

$$\mathrm{d}y = ca x^{\alpha-1}\, \mathrm{d}x = ca \frac{x^\alpha}{x}\, \mathrm{d}x$$

folgt

$$\frac{\mathrm{d}y}{y} = \alpha \frac{\mathrm{d}x}{x} = \alpha \frac{\Delta x}{x}$$

und damit

$$\left|\frac{\Delta y}{y}\right| \approx \ldots\ldots\ldots\ldots .$$

——▶ 123

10

$$f'(x_0) = 2x_0 + 1$$

$$\left(\text{wegen } f'(x_0) = \lim_{h\to 0} \frac{(x_0+h)^2 + (x_0+h) - (x_0^2 + x_0)}{h}\right.$$

$$\left. = \lim_{h\to 0} (2x_0 + h + 1) = 2x_0 + 1\right),$$

$$f'(3) = 7.$$

Berechnen Sie nun den Anstiegswinkel α_t der Tangente t an die Kurve in $x_0 = 3$!

$\alpha_t \approx \ldots\ldots\ldots$

→ 11

48

$f_1(x) = x + x^2, x \in \mathbf{R},$

$f_2(x) = 5x - 6, x \in \mathbf{R},$

$f_1'(x_0) = 1 + 2x_0,$

$f_2'(x_0) = 5.$

Wegen $f_1'(x_0) \cdot f_2(x_0) = \ldots\ldots\ldots\ldots\ldots\ldots\ldots\ldots$

und $f_1(x_0) \cdot f_2'(x_0) = \ldots\ldots\ldots\ldots\ldots\ldots\ldots\ldots$

folgt unmittelbar

$f'(x_0) = \ldots\ldots\ldots\ldots$

→ 49

86

Für $h \to 0$ hat man

$$h = f^{-1}(y_0 + k) - f^{-1}(y_0) \to 0.$$

Da $f(x)$ in x_0 differenzierbar ist mit $f'(x_0) \neq 0$, existiert

$$\lim_{h \to 0} \frac{1}{\frac{f(x_0 + h) - f(x_0)}{h}} = \frac{1}{f'(x_0)}.$$

→ 87

123

$$\left|\frac{\Delta y}{y}\right| \approx |\alpha| \left|\frac{\Delta x}{x}\right|.$$

Sie haben sich den Lehrstoff des Programms bisher mit Erfolg angeeignet. Arbeiten Sie auch weiterhin zielstrebig und gewissenhaft!
Wenn Sie noch weitere Beispiele zu diesem Lehrabschnitt rechnen möchten,

dann → Ü 128, Seite 129
sonst → Z_8, Seite 113

11

$\alpha_t \approx 81{,}87°$.

(Dieser Wert ergibt sich unmittelbar aus

$$\tan \alpha_t|_{x_0=3} = f'(3) = 7$$

mit Hilfe einer Zahlentafel oder eines Rechenstabes.)

Nach der Behandlung von Übungsaufgaben setzen wir unsere allgemeinen Betrachtungen fort.
Neben dem Grenzwert $\lim_{x \to x_0} f(x)$ einer Funktion $f(x)$ an der Stelle x_0 untersucht man bekanntlich auch die einseitigen Grenzwerte $\lim_{x \to x_0+0} f(x)$ und $\lim_{x \to x_0-0} f(x)$.
(Wenn Sie Ihre Kenntnisse ergänzen wollen, studieren Sie hierzu folgende Literatur: [1], Seite 114 oder [2], Seite 101 oder [3], Seite 15).

→ 12

49

$$f'_1(x_0) \cdot f_2(x_0) = -6 - 7x_0 + 10x_0^2,$$

$$f_1(x_0) \cdot f'_2(x_0) = 5x_0 + 5x_0^2,$$

$$f'(x_0) = -6 - 2x_0 + 15x_0^2.$$

Wir empfehlen Ihnen, die von Ihnen nicht richtig gelösten Aufgaben der Kontrolle K_3 (Seite 93) jetzt nochmals zu lösen, Ihre Fehler zu korrigieren und dann hierher zurückzukehren.

→ K_3 (Seite 93) ↩

Wenn Sie weitere Beispiele zur Anwendung der „Produktregel" selbständig rechnen möchten,

dann → Ü 30, Seite 176
sonst → K_4, Seite 95

87

Damit ergibt sich, daß

$$\lim_{k \to 0} \frac{f^{-1}(y_0 + k) - f^{-1}(y_0)}{k}$$

existiert und gleich $\frac{1}{f'(x_0)}$ ist, womit S.6.1. (Lehrschritt **83**, Seite 25) bewiesen ist.

Bemerkung: Häufig verwendet man für die Aussage in S.6.1. die einprägsame Schreibweise

$$\left(\frac{dx}{dy}\right)_{y=y_0} = \frac{1}{\left(\frac{dy}{dx}\right)_{x=x_0}}.$$

→ **88**

124

9. Mittelwertsätze der Differentialrechnung

Die Mittelwertsätze besitzen für die Differentialrechnung große Bedeutung, so daß Sie den folgenden Lehrabschnitt besonders aufmerksam durcharbeiten müssen.

S. 9. 1. Satz von Rolle:

$$\left.\begin{array}{l} f(x) \text{ stetig auf } [a, b], \\ f(x) \text{ differenzierbar auf } (a, b), \\ f(a) = f(b) \end{array}\right\} \Rightarrow \left\{\begin{array}{l} \exists\, \xi \in (a, b) \\ \text{mit} \\ f'(\xi) = 0. \end{array}\right.$$

Wie würden Sie den Inhalt des Satzes geometrisch interpretieren?

Vergleichen Sie! → **125**

12 Ihnen ist die Ableitung einer Funktion als Grenzwert des Differenzenquotienten bekannt. Es ist naheliegend, auch einseitige Ableitungen zu betrachten.

Man definiert:

D.1.2. Die auf $U_r(x_0)$ definierte Funktion $f(x)$ besitzt an der Stelle x_0 die **rechtsseitige Ableitung** $f_r'(x_0)$, wenn der rechtsseitige Grenzwert

$$f_r'(x_0) = \lim_{h \to +0} \frac{f(x_0 + h) - f(x_0)}{h}$$

existiert.

Entsprechend wird die **linksseitige Ableitung** erklärt durch

$$f_l'(x_0) = \lim_{h \to -0} \frac{f(x_0 + h) - f(x_0)}{h},$$

wobei $f(x)$ auf $U_l(x_0)$ definiert sei.

Existieren $f_r'(x_0)$ bzw. $f_l'(x_0)$, so heißt $f(x)$ in x_0 **rechtsseitig** bzw. **linksseitig differenzierbar.**

→ 13

50 **4. Quotientenregel**

Die Herleitung der „Quotientenregel" ist gleichbedeutend mit dem Beweis von

S.4.1. **(„Quotientenregel").** Wenn $f_1(x)$ und $f_2(x)$ auf (a, b) differenzierbar sind, dann ist auch der Quotient

$$q(x) = \frac{f_1(x)}{f_2(x)}, \quad f_2(x) \neq 0$$

dort differenzierbar, und es gilt für jedes $x_0 \in (a, b)$ mit $f_2(x_0) \neq 0$

$$q'(x_0) = \frac{f_1'(x_0) \cdot f_2(x_0) - f_1(x_0) \cdot f_2'(x_0)}{f_2^2(x_0)}.$$

Beweis: Für ein $x_0 \in (a, b)$ mit $f_2(x_0) \neq 0$ existiert wegen der Stetigkeit von $f_2(x)$ eine Umgebung $U(x_0)$, so daß dort ebenfalls $f_2(x)$ nicht verschwindet. Wir wählen h stets so, daß $(x_0 + h) \in U(x_0)$. Der Differenzenquotient des Quotienten $q(x) = \frac{f_1(x)}{f_2(x)}$ an der Stelle $x_0 \in (a, b)$ ist gegeben durch

$$\frac{q(x_0 + h) - q(x_0)}{h} = \frac{1}{h} \cdot \left[\ldots\ldots\ldots\ldots\ldots\ldots\ldots \right]$$

$$= \frac{1}{h} \cdot \frac{\ldots\ldots\ldots\ldots}{f_2(x_0)\, f_2(x_0 + h)}.$$

→ 51

88

Im folgenden rechnen wir zur Anwendung von S.6.1. (Seite 25) einige Beispiele.

Beispiel 1:

Für die Funktion $y = f(x) = x^2$, $x > 0$,
findet man

$$x = f^{-1}(y) = \dots\dots\dots\dots,$$

$$\frac{df^{-1}(y)}{dy} = \dots\dots\dots\dots$$

Wenn Sie die Lösung selbständig gefunden haben ——→ 90
Wenn Sie einen Hinweis wünschen ——→ 89

125

Ihre Überlegungen müssen (sinngemäß) mit den folgenden übereinstimmen:
Es existiert mindestens eine Stelle $\xi \in (a, b)$, so daß die Tangente t_ξ im Punkt $(\xi, f(\xi))$ des Bildes von $f(x)$ parallel ist zur x-Achse (vgl. Abb. 28).

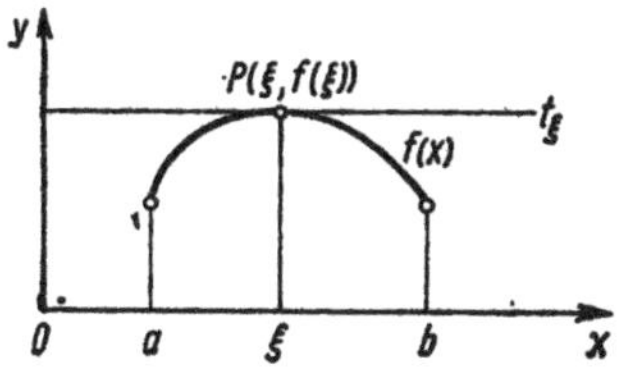

Abb. 28

——→ 126

13

Veranschaulichen Sie die Begriffe $f_r'(x_0)$ und $f_l'(x_0)$ mit Hilfe der folgenden Abbildung

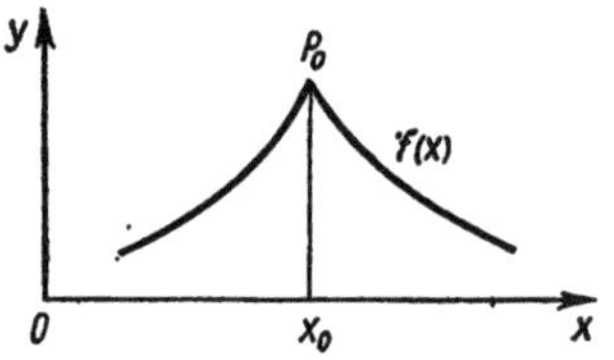

Abb. 7

Vergleichen Sie dann!

→ 14

51

$$\frac{q(x_0+h)-q(x_0)}{h} = \frac{1}{h}\cdot\left[\frac{f_1(x_0+h)}{f_2(x_0+h)} - \frac{f_1(x_0)}{f_2(x_0)}\right]$$

$$= \frac{1}{h}\cdot\frac{f_1(x_0+h)\cdot f_2(x_0) - f_1(x_0)\cdot f_2(x_0+h)}{f_2(x_0)\cdot f_2(x_0+h)}.$$

Addieren Sie im Zähler des obigen Quotienten Null in der Form

$$f_1(x_0)\cdot f_2(x_0) - f_1(x_0)\cdot f_2(x_0).$$

Sie erhalten

$$\frac{q(x_0+h)-q(x_0)}{h} = \frac{1}{h}\left[\ldots\ldots\ldots\ldots\ldots\right].$$

→ 52

89

Da $f(x)$ streng zunehmend ist, den Wertevorrat $(0, \infty)$ besitzt und außerdem für $x > 0$ differenzierbar ist, gilt

$$x = f^{-1}(y) = \sqrt{y}, \quad y > 0,$$

$$\frac{df^{-1}(y)}{dy} = \frac{1}{\frac{df(x)}{dx}} = \frac{1}{2x} = \frac{1}{2\sqrt{y}}, \quad y > 0.$$

Vertauschen der Variablen x und y ergibt unmittelbar

$$f^{-1}(x) = \dots\dots\dots\dots,$$

$$\frac{d}{dx}\sqrt{x} = \dots\dots\dots\dots$$

→ 91

126

Der Satz von Rolle sichert die Existenz mindestens eines $\xi \in (a, b)$ mit $f'(\xi) = 0$. Wenn $f(x)$ auf (a, b) einen eindeutig bestimmten größten oder kleinsten Wert annimmt, so ist das zugleich die gesuchte Stelle ξ. Es gibt dann genau eine Stelle ξ mit $f'(\xi) = 0$.

Zeichnen Sie zwei Kurven, in denen dieser Sachverhalt vorliegt!

Abb. 29

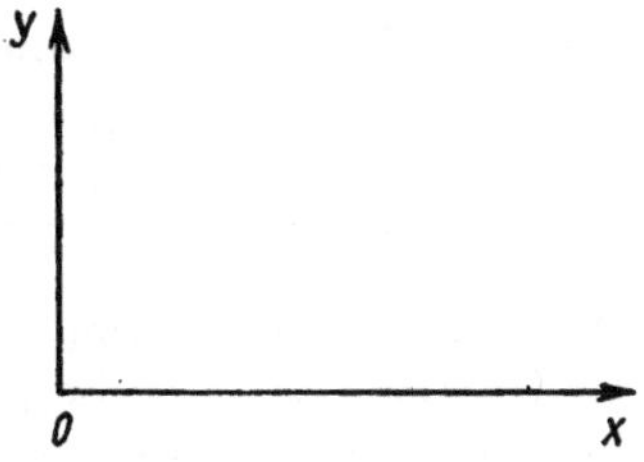

Abb. 30

→ 127

14

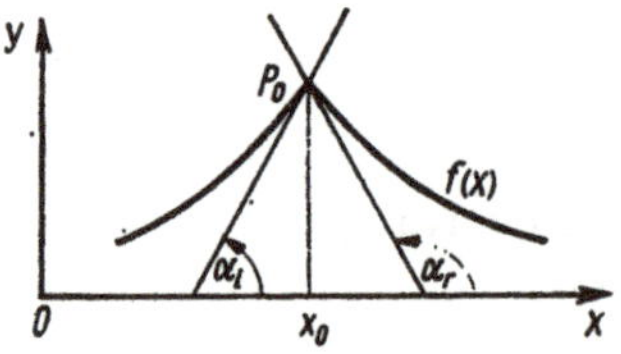

Abb. 8

Die Existenz von $f_r'(x_0)$ und $f_l'(x_0)$ bedeutet geometrisch die Existenz der rechtsseitigen Tangente t_r bzw. der linksseitigen Tangente t_l in dem x_0 entsprechenden Kurvenpunkt P_0, in welchem keine Tangente schlechthin existiert.

Aus der Definition der einseitigen Ableitungen ergibt sich unmittelbar eine notwendige und hinreichende Bedingung für die Existenz der Ableitung von $f(x)$ an der Stelle x_0.

S.1.1. Die auf $U(x_0)$ definierte Funktion $f(x)$ besitzt an der Stelle x_0 dann und nur dann die Ableitung $f'(x_0)$, wenn dort die rechtsseitige Ableitung $f_r'(x_0)$ und die linksseitige Ableitung $f_l'(x_0)$ existieren und übereinstimmen. Dann gilt:

$$\boxed{f'(x_0) = f_r'(x_0) = f_l'(x_0)} \, .$$

→ 15

52

$$\frac{q(x_0 + h) - q(x_0)}{h}$$

$$= \frac{1}{h} \cdot \frac{f_1(x_0 + h) f_2(x_0) - f_1(x_0) f_2(x_0 + h) + f_1(x_0) f_2(x_0) - f_1(x_0) f_2(x_0)}{f_2(x_0) f_2(x_0 + h)}$$

Wir schreiben diesen Quotienten in der Form

$$(*) \qquad \frac{\dfrac{f_1(x_0 + h) - f_1(x_0)}{h} \cdot f_2(x_0) - f_1(x_0) \cdot \dfrac{f_2(x_0 + h) - f_2(x_0)}{h}}{f_2(x_0) f_2(x_0 + h)} \, .$$

Wegen der Stetigkeit von $f_2(x)$ an der Stelle x_0 und bei Anwendung bekannter Grenzwertsätze (siehe [1], Seite 117; [2], Seite 114; [3], Seite 20ff.) folgt für $h \to 0$ aus (*) (vgl. dazu auch **45**, Seite 24):

$q'(x_0) = \ldots\ldots\ldots\ldots\ldots\ldots\ldots\ldots$

→ 53

90

$$x = f^{-1}(y) = \sqrt{y}\,, \quad y > 0,$$

$$\frac{df^{-1}(y)}{dy} = \frac{1}{2\sqrt{y}}\,, \quad y > 0.$$

Vertauschen der Variablen x und y ergibt unmittelbar

$$f^{-1}(x) = \ldots\ldots\ldots\ldots\ldots,$$

$$\frac{d}{dx}\sqrt{x} = \ldots\ldots\ldots\ldots\ldots$$

→ 91

127

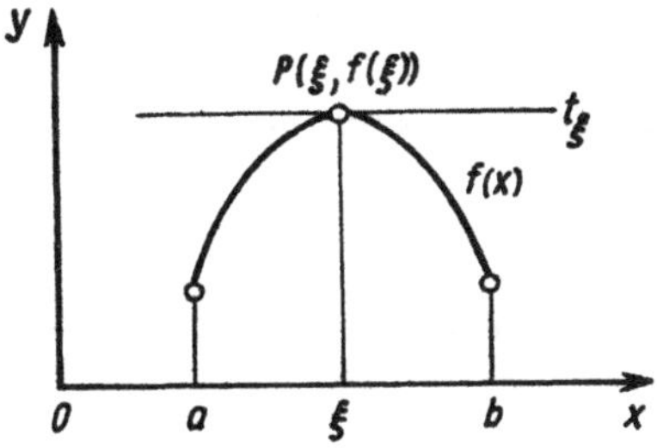

Abb. 31

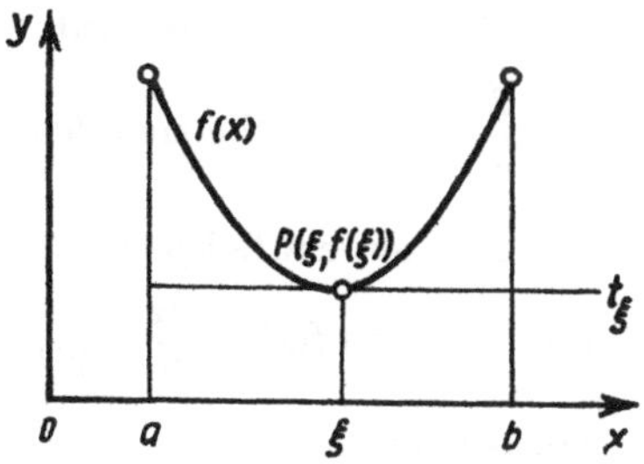

Abb. 32

Offenbar gibt es ein Beispiel, wo auf (a, b) unendlich viele Stellen ξ mit $f'(\xi) = 0$ liegen.

Welches Beispiel ist dies?

→ 128

15

Ein **Beispiel** möge diesen Sachverhalt verdeutlichen:

$f(x) = |x - 1|, x \in R$, ist an der Stelle $x_0 = 1$ stetig, jedoch existiert an dieser Stelle der Grenzwert $f'(1)$ nicht, denn es ist

$$f_r'(1) = \lim_{h \to +0} \frac{f(1+h) - f(1)}{h} = \lim_{h \to +0} \frac{|h|}{h} = 1,$$

$$f_l'(1) = \lim_{h \to -0} \frac{f(1+h) - f(1)}{h} = \lim_{h \to -0} \frac{|h|}{h} = -1.$$

Welche Schlußfolgerungen ziehen Sie daraus bezüglich der Differenzierbarkeit dieser Funktion an der Stelle x_0?

Antwort: . . . .

→ 16

53

$$q'(x_0) = \lim_{h \to 0} \frac{q(x_0 + h) - q(x_0)}{h} = \frac{f_1'(x_0) f_2(x_0) - f_1(x_0) f_2'(x_0)}{f_2^2(x_0)}.$$

Damit ist S.4.1. (Lehrschritt **50**, Seite 34) bewiesen.

! Prägen Sie sich den Inhalt des Satzes gut ein!

Wir rechnen ein **Beispiel**:

Die Funktion $f(x) = \frac{2x + 1}{x^2 + 2}$, $x \in R$, ist an der Stelle x_0 zu differenzieren.

Wir setzen

$f_1(x) = \dots\dots\dots\dots, x \in R,$

$f_2(x) = \dots\dots\dots\dots, x \in R,$

und erhalten

$f_1'(x_0) = \dots\dots\dots\dots,$

$f_2'(x_0) = \dots\dots\dots\dots .$

→ 54

$$f^{-1}(x) = \sqrt{x},\ x > 0,$$

$$\frac{d}{dx}\sqrt{x} = \frac{1}{2\sqrt{x}},\ x > 0.$$ 91

Beispiel 2:

Die Potenzfunktion

$$y = f(x) = x^n,\ x \geqq 0,\ n \in \mathbf{N},$$

ist streng zunehmend und besitzt den Wertevorrat $[0, \infty)$.
Es gilt

$$x = f^{-1}(y) = \ldots\ldots\ldots\ldots\ldots\ldots\ldots,$$

$$\frac{df^{-1}(y)}{dy} = \ldots\ldots\ldots\ldots\ldots\ldots\ldots.$$

Wenn Sie einen Hinweis benötigen ——▶ 92
sonst ——▶ 93

128

Die Funktion $f(x) = \text{const}$, $x \in [a, b]$, erfüllt die Voraussetzungen des Satzes von Rolle.
Daher gilt (vgl. Abb. 33):

$$f'(\xi) = 0 \text{ für jedes } \xi \in (a, b).$$

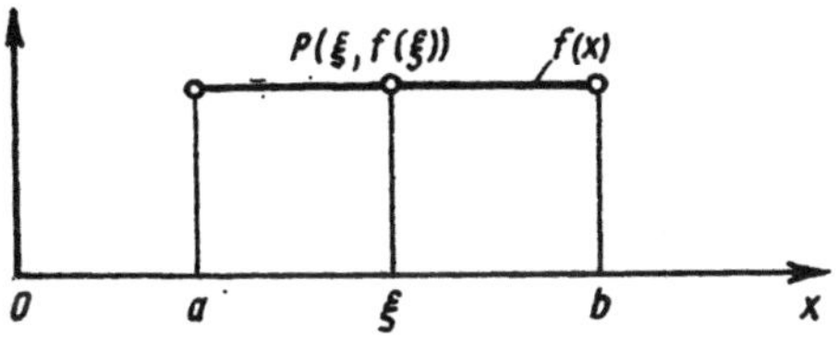

Abb. 33

Gilt die Aussage des Satzes von Rolle für folgende Kurven?

! Begründen Sie Ihre Aussagen!

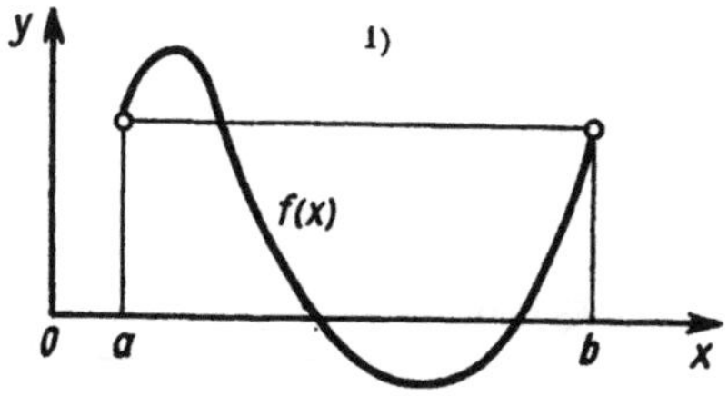

Abb. 34

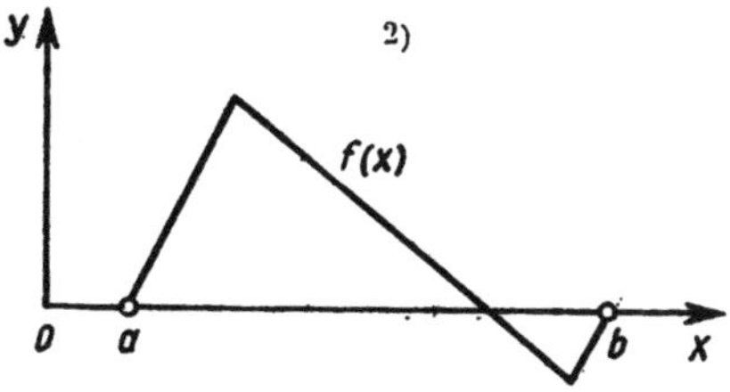

Abb. 35

——▶ 129

16 Sinngemäß:

Die Funktion $f(x) = |x - 1|$ ist in $x_0 = 1$ sowohl rechtsseitig als auch linksseitig differenzierbar, aber wegen $f_r' \neq f_l'$ (vgl. S.1.1.) nicht differenzierbar schlechthin. Es gilt $\tan \alpha_r = 1$, $\tan \alpha_l = -1$.

Veranschaulichen Sie diesen Sachverhalt in einer Zeichnung!

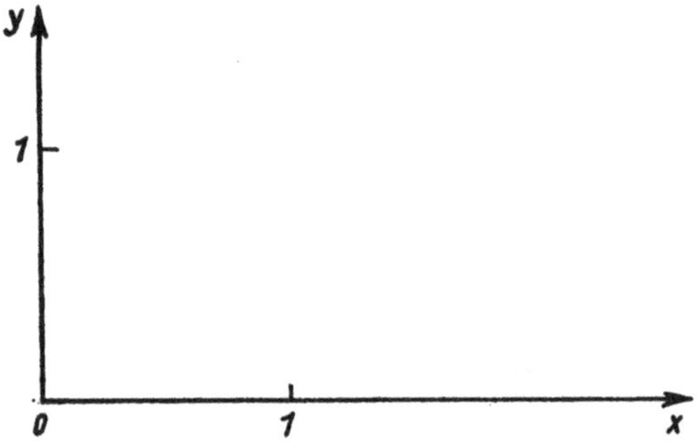

Abb. 9

Anschließend → 17

54

$$f_1(x) = 2x + 1,\ x \in \mathbf{R},$$

$$f_2(x) = x^2 + 2,\ x \in \mathbf{R},$$

$$f_1'(x_0) = 2,$$

$$f_2'(x_0) = 2x_0.$$

Wegen $f_1'(x_0) \cdot f_2(x_0) = \ldots\ldots\ldots\ldots\ldots\ldots$,

$f_1(x_0) \cdot f_2'(x_0) = \ldots\ldots\ldots\ldots\ldots\ldots$

und $f_2^2(x_0) = \ldots\ldots\ldots\ldots\ldots\ldots$

folgt unmittelbar

$f'(x_0) = \ldots\ldots\ldots\ldots\ldots\ldots$, $x_0 \in \mathbf{R}$.

→ 55

92

$$x = f^{-1}(y) = y^{\frac{1}{n}}, \; y \in [0, \infty).$$

Da $f(x)$ für $x > 0$ eine von Null verschiedene Ableitung besitzt, gilt

$$\frac{df^{-1}(y)}{dy} = \frac{1}{\frac{df(x)}{dx}} = \frac{1}{nx^{n-1}} = \frac{1}{n} \cdot x^{1-n} = \frac{1}{n} \cdot \left(y^{\frac{1}{n}}\right)^{1-n}.$$

Damit hat man

$x = f^{-1}(y) = \ldots\ldots\ldots\ldots\ldots,$

$\frac{df^{-1}(y)}{dy} = \ldots\ldots\ldots\ldots\ldots\ldots$

→ 93

129

1) Ja, und zwar existieren zwei Stellen ξ_1 und ξ_2, an denen die Ableitung verschwindet (vgl. Abb. 36).

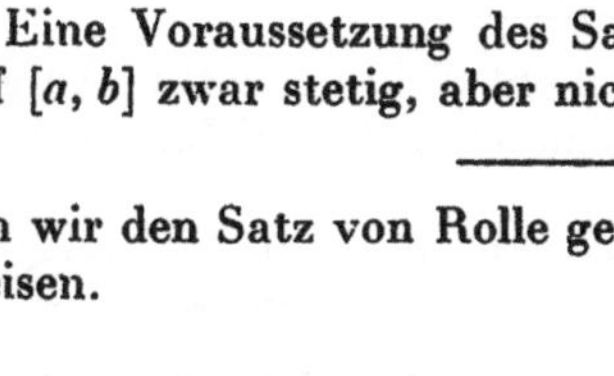

Abb. 36

2) Nein. Eine Voraussetzung des Satzes von Rolle ist nicht erfüllt: $f(x)$ ist auf $[a, b]$ zwar stetig, aber nicht auf (a, b) differenzierbar.

Nachdem wir den Satz von Rolle geometrisch gedeutet haben, wollen wir ihn beweisen.

Falls Sie den Beweis führen wollen → 130

sonst → 136

17

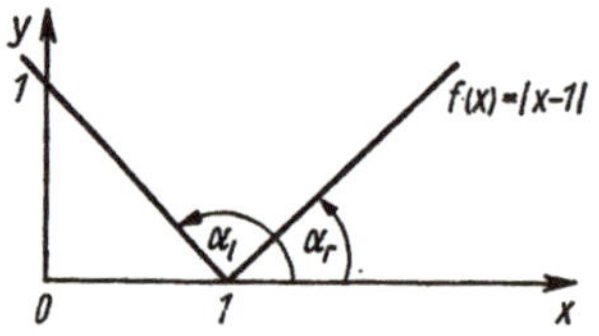

Abb. 10

Wir definieren nun die Differenzierbarkeit einer Funktion $f(x)$ auf einem offenen Intervall:

D.1.3. Die Funktion $f(x)$, $x \in (a, b)$, heißt auf dem Intervall (a, b) differenzierbar, wenn der Grenzwert

$$f'(x_0) = \lim_{h \to 0} \frac{f(x_0 + h) - f(x_0)}{h}$$

für jedes $x_0 \in (a, b)$ existiert.

Ist $f(x)$ auf (a, b) differenzierbar, so ist $f'(x)$ eine auf (a, b) erklärte Funktion.

Bemerkung: Häufig wird die Stelle, an der die Ableitung einer auf einem Intervall differenzierbaren Funktion gebildet wird, der Einfachheit halber mit x (anstatt x_0) bezeichnet.
Wie wird man entsprechend D.1.3. die Differenzierbarkeit einer Funktion auf einem abgeschlossenen Intervall $[a, b]$ definieren?

Antwort: ....

....

——▶ 18

55

$$f_1'(x_0) \cdot f_2'(x_0) = 2(x_0^2 + 2),$$

$$f_1(x_0) \cdot f_2'(x_0) = (2x_0 + 1) \cdot 2x_0,$$

$$f_2^2(x_0) = (x_0^2 + 2)^2,$$

$$f'(x_0) = -2 \cdot \frac{x_0^2 + x_0 - 2}{(x_0^2 + 2)^2}.$$

Wir empfehlen Ihnen, die von Ihnen nicht richtig gelösten Aufgaben der Kontrolle K_4 (Seite 95) jetzt nochmals zu lösen, Ihre Fehler zu korrigieren und dann hierher zurückzukehren.

——K_4 (Seite 95) ⟲

Wenn Sie weitere Beispiele zur Anwendung der „Quotientenregel" selbständig rechnen möchten,

dann ——▶ **Ü 43**, Seite 120

sonst ——▶ K_5, Seite 97

$$x = f^{-1}(y) = y^{\frac{1}{n}},\ y \in [0, \infty),\ n \in \mathbb{N},$$ 93

$$\frac{df^{-1}(y)}{dy} = \frac{1}{n} y^{\frac{1}{n}-1},\ y \in (0,\infty).$$

Beispiel 3:

Die Funktion

$$f(x) = \tan x, \quad x \in \left(-\frac{\pi}{2}, \frac{\pi}{2}\right),$$

besitzt die Umkehrfunktion

$$f^{-1}(y) = \arctan y, \quad y \in \mathbb{R}.$$

Es gilt nach S.6.1. (Lehrschritt 83, Seite 25)

$$\frac{df^{-1}(y)}{dy} = \dots\dots\dots\dots .$$

Wenn Sie einen Hinweis benötigen ——→ 94
sonst ——→ 95

Wir unterscheiden beim Beweis drei Fälle: 130

Fall 1: $f(x)$ sei auf $[a, b]$ konstant. Dann gilt $f'(\xi) = 0$ für jedes $\xi \in (a, b)$ (vgl. Abb. 33, Seite 41).

Fall 2: Es existiere mindestens ein $x \in (a, b)$ mit $f(x) > f(a)$, (vgl. Abb. 31, Seite 39).
Da $f(x)$ auf $[a, b]$ stetig ist, nimmt diese Funktion dort einen größten Funktionswert G an (Satz von Weierstraß). Es sei etwa $G = f(x_G)$. Dann gilt auf Grund unserer Annahme

$$G > f(a) \text{ und } x_G \in (a, b).$$

Um $f'(x_G)$ zu berechnen, bilden wir die einseitigen Ableitungen $f_r'(x_G)$ und $f_l'(x_G)$ und bestimmen ihr Vorzeichen.

Hinweis: Wenn Ihnen der Begriff der einseitigen Ableitung nicht mehr gegenwärtig ist, dann wiederholen Sie die Lehreinheiten 12 bis 16. (Seite 34)

Wir finden

$f_r'(x_G) = \dots\dots\dots\dots\dots ,$

$f_l'(x_G) = \dots\dots\dots\dots\dots$

——→ 131

18

Sinngemäß:

D.1.4. $f(x)$ heißt auf $[a, b]$ **differenzierbar**, wenn $f(x)$ auf (a, b) differenzierbar und in a rechtsseitig, in b linksseitig differenzierbar ist.

Die in S.1.1., Seite 38, angegebene notwendige und hinreichende Bedingung für die Existenz der Ableitung $f'(x_0)$ kann auch durch eine andere gleichwertige ersetzt werden.

Wenn Sie diese Bedingung kennenlernen wollen, dann gehen Sie zum folgenden Lehrschritt über.

→ 19

Sie können diesen Lehrschritt auch überspringen.

→ 20

56

5. Kettenregel

! **Entscheiden Sie Ihr weiteres Vorgehen auf Grund der von Ihnen in der Kontrolle K_5 erhaltenen Ergebnisse!**

Mir ist die Definition der zusammengesetzten Funktionen nicht bekannt oder ich habe zusammengesetzte Funktionen nicht als solche erkannt.

→ 57

Mir bereitete lediglich die Differentiation der zusammengesetzten Funktionen Schwierigkeiten.

→ **66**, Seite 66

94

Da $y = f(x) = \tan x$ auf $\left(-\frac{\pi}{2}, \frac{\pi}{2}\right)$ differenzierbar ist, den Wertevorrat $(-\infty, \infty)$ besitzt und $f'(x)$ auf $\left(-\frac{\pi}{2}, \frac{\pi}{2}\right)$ nirgends verschwindet, folgt

$$\frac{\mathrm{d}f^{-1}(y)}{\mathrm{d}y} = \frac{1}{\frac{\mathrm{d}f(x)}{\mathrm{d}x}} = \frac{1}{\frac{\mathrm{d}\tan x}{\mathrm{d}x}} = \frac{1}{1 + \tan^2 x} = \dots\dots\dots\dots$$

→ 95

131

$$f_r'(x_G) = \lim_{h \to +0} \frac{f(x_G + h) - f(x_G)}{h} \leqq 0 \text{ (wegen } f(x_G + h) \leqq x_G),$$

$$f_l'(x_G) = \lim_{h \to -0} \frac{f(x_G + h) - f(x_G)}{h} \geqq 0.$$

Nach Voraussetzung gilt aber

$$f'(x_G) = f_r'(x_G) = f_l'(x_G).$$

Daraus folgt

$$f'(x_G) = \dots\dots\dots\dots\dots$$

→ 132

Wenn Sie für diese Überlegung eine Hilfe benötigen

→ 133

19

Ohne Beweis sei angeführt:

S.1.2. Die auf $U(x_0)$ definierte Funktion $f(x)$ besitzt an der Stelle x_0 dann und nur dann die Ableitung $f'(x_0)$, wenn sich zu jedem $\varepsilon > 0$ ein $\delta = \delta(\varepsilon) > 0$ so angeben läßt, daß gilt:

$$\left| \frac{f(x_0+h) - f(x_0)}{h} - f'(x_0) \right| < \varepsilon$$

für jedes h mit $0 < |h| < \delta$.

Näheres hierzu findet man z.B. in [1], Seite 272 und in [3], Seite 13

Wir gehen weiter! → 20

57

Funktionen $F(x)$, die eine Darstellung der Form

$$F(x) = f(g(x)),\ x \in M_x$$

zulassen, wobei der Wertevorrat von g im Definitionsbereich von f liegt, kann man sich aus zwei Funktionen $f(z)$ und $g(x)$ zusammengesetzt denken, die dann als „äußere" bzw. „innere" Funktion bezeichnet werden.

Wir definieren:

D.5.1. Es seien $f(z)$ eine Funktion mit dem Definitionsbereich M_z und $z = g(x)$ eine Funktion mit dem Definitionsbereich M_x und dem Wertevorrat $N_y \leqq M_z$.

Dann heißt die Funktion

$$F(x) = f(g(x)),\ x \in M_x$$

zusammengesetzte Funktion.

$f(z)$ heißt äußere Funktion, $g(x)$ heißt innere Funktion.

→ 58

95

$$\frac{\mathrm{d}f^{-1}(y)}{\mathrm{d}y} = \frac{\mathrm{d}}{\mathrm{d}y} \arctan y = \frac{1}{1+y^2}, \quad y \in \mathsf{R}.$$

Vertauschen von x und y liefert die Aussage

$$\ldots\ldots\ldots\ldots = \ldots\ldots\ldots\ldots$$

→ 96

132

$$f'(x_G) = 0.$$

Wir setzen $\xi = x_G$ und haben damit eine Stelle ξ mit $f'(\xi) = 0$ gefunden.

→ 134

20 Für spätere Betrachtungen, insbesondere bei Beweisführungen, ist die **Weierstraßsche Zerlegungsformel** von Nutzen. Wir verwenden sie, um eine weitere notwendige und hinreichende Bedingung für die Existenz von $f'(x_0)$ zu formulieren.
Wenn Sie die Herleitung der Weierstraßschen Zerlegungsformel kennenlernen wollen,

dann ⟶ 21

Andernfalls empfehlen wir Ihnen, die von Ihnen nicht richtig gelösten Aufgaben der Kontrolle K_1 (Seite 87) jetzt nochmals zu lösen, Ihre Fehler zu korrigieren und dann hierher zurückzukehren.

⟶ K_1 (Seite 87) ⟶ ⟲

Wenn Sie Übungsaufgaben zu diesem Lehrabschnitt rechnen wollen,

dann ⟶ Ü 1, Seite 118
sonst ⟶ Z_1, Seite 109

58

Einige Beispiele mögen es Ihnen erleichtern, zusammengesetzte Funktionen als solche zu erkennen.

Beispiel 1:

Die Funktion

$$F(x) = \sqrt{\sin x}, \quad x \in [0, \pi],$$

läßt sich in der geschilderten Weise darstellen.

Wir setzen dazu

$$z = g(x) = \ldots\ldots\ldots\ldots, \quad x \in [0, \pi],$$
$$f(z) = \ldots\ldots\ldots\ldots\ldots\ldots\ldots$$

⟶ 59

96

$$\frac{df^{-1}(x)}{dx} = \frac{d}{dx}\arctan x = \frac{1}{1+x^2}, \; x \in R.$$

Wir empfehlen Ihnen, die von Ihnen nicht richtig gelösten Aufgaben der Kontrolle K_6 (Seite 99) jetzt nochmals zu lösen, Ihre Fehler zu korrigieren und dann hierher zurückzukehren.

——K_6 (Seite 99) ——⮌

Wenn Sie danach noch weitere Beispiele im Übungsprogramm rechnen möchten,

dann ——► Ü 90, Seite 133

sonst ——► Z_6, Seite 112

133

$f_r'(x_G) \leqq 0$ bedeutet, daß die rechtsseitige Tangente an der Stelle x_G einen nichtpositiven Anstieg hat (vgl. Abb. 31, Seite 39).
$f_l'(x_G) \geqq 0$ bedeutet, daß die linksseitige Tangente an der Stelle x_G einen nichtnegativen Anstieg hat.
Nach Voraussetzung existiert $f'(x_G)$, so daß nach S.1.1., Seite 38, gilt

$$f'(x_G) = f_l'(x_G) = f_r'(x_G).$$

Damit erhalten wir $f'(x_G) \leqq 0$ und zugleich $f'(x_G) \geqq 0$. Das ist aber nur möglich, wenn gilt

$$f'(x_G) = 0.$$

Wir setzen $\xi = x_G$ und haben damit eine Stelle gefunden, an der die Ableitung verschwindet.

——► 134

21

Die Funktion $f(x)$ sei auf $U(x_0)$ definiert und an der Stelle x_0 differenzierbar. Es wird bei festgehaltenem x_0 folgende Funktion von h erklärt:

$$(*) \qquad z(x_0;\, h) = \begin{cases} \dfrac{f(x_0 + h) - f(x_0)}{h} - f'(x_0) & \text{für } h \neq 0, \\ 0 & \text{für } h = 0. \end{cases}$$

Weisen Sie unter Verwendung der Grenzwertsätze die Stetigkeit dieser Funktion an der Stelle $h = 0$ nach!

$$\lim_{h \to 0} z(x_0;\, h) = \dots\dots\dots\dots\dots\dots\dots\dots\dots\dots$$

→ 22

59

$$z = g(x) = \sin x, \quad x \in [0, \pi],$$
$$f(z) = \sqrt{z}, \quad z \in [0, \infty).$$

Bemerkung: Der größtmögliche Definitionsbereich M_z von f ist $z \geqq 0$; der Wertevorrat N_y von g ist das Intervall $[0, 1]$. Offenbar gilt $N_y \subset M_z$. Damit ergibt sich die zusammengesetzte Funktion

$$F(x) = f(g(x)) = \sqrt{\sin x}, \quad x \in [0, \pi].$$

Beispiel 2:

Die Funktion

$$F(x) = \ln(1 + x^2), \quad x \in \mathbf{R},$$

läßt sich ebenfalls als zusammengesetzte Funktion darstellen:

$$z = g(x) = \dots\dots\dots\dots, x \in \mathbf{R},$$
$$f(z) = \dots\dots\dots\dots$$

Der Wertevorrat von $g(x)$ ist das Intervall

$$N_y = \dots\dots\dots\dots$$

Der größtmögliche Definitionsbereich von $f(z)$ ist

$$M_z = \dots\dots\dots\dots$$

→ 60

97

7. Höhere Ableitungen

Wenn $f(x)$ auf (a, b) differenzierbar ist, dann ist jedem $x \in (a, b)$ eindeutig ein Wert $f'(x)$ zugeordnet. Somit ist $f'(x)$ eine auf (a, b) definierte Funktion von x. Ob diese Funktion wiederum auf (a, b) differenzierbar ist, bedarf einer erneuten Untersuchung.
Wir erläutern diesen Sachverhalt an einem **Beispiel**.

Gegeben sei die Funktion

$$f(x) = \begin{cases} x^2 & \text{für } x \geqq 0, \\ -x^2 & \text{für } x < 0. \end{cases}$$

Bestimmen Sie $f'(x)$ für $x \neq 0$ und für $x = 0$!

Es gilt: Für $x \neq 0$: .... ,

für $x = 0$:

→ 98

134

Fall 3: Es existiere mindestens ein $x \in (a, b)$ mit $f(x) < f(a)$, (vgl. Abb. 32, Seite 39). Zeigen Sie, daß auch für diesen Fall ein $x_g \in (a, b)$ existiert, so daß gilt

$f'(x_g) = 0$!

! Führen Sie den Beweis analog zu Fall 2 in Ihrem Arbeitsheft aus!

Danach → 135

22

$z(x_0; h)$ ist an der Stelle $h = 0$ stetig wegen

$$\begin{aligned}\lim_{h\to 0} z(x_0; h) &= \lim_{h\to 0}\left[\frac{f(x_0+h)-f(x_0)}{h} - f'(x_0)\right]\\ &= \lim_{h\to 0}\frac{f(x_0+h)-f(x_0)}{h} - \lim_{h\to 0} f'(x_0)\\ &= f'(x_0) - f'(x_0)\\ &= 0\end{aligned}$$

und $$z(x_0; 0) = 0.$$

Multiplizieren Sie (*), Seite 52, mit $h \neq 0$, und addieren Sie $hf'(x_0)$! Damit ergibt sich folgende Aussage:

→ 23

60

$$\begin{aligned} z = g(x) &= 1 + x^2, \quad x \in \mathsf{R},\\ f(z) &= \ln z,\\ N_y &= (1, \infty),\\ M_z &= (0, \infty).\end{aligned}$$

Offenbar gilt

$$N_y \subset M_z.$$

Damit ergibt sich die zusammengesetzte Funktion

$$F(x) = f(g(x)) = \ln(1 + x^2), \quad x \in \mathsf{R}.$$

→ 61

Für $x \neq 0$: $f'(x) = \begin{cases} 2x & \text{für } x > 0, \\ -2x & \text{für } x < 0, \end{cases}$ **98**

für $x = 0$ ergibt sich der Differenzenquotient

$$\frac{f(0+h) - f(0)}{h} = \begin{cases} \dfrac{(0+h)^2 - 0}{h} = h & \text{für } h > 0, \\[2ex] \dfrac{-(0+h)^2 - 0}{h} = -h & \text{für } h < 0. \end{cases}$$

Daraus folgt $f'(0) = 0$.
Somit erhält man als Ableitung von $f(x)$ die Funktion

$$f'(x) = \begin{cases} 2x & \text{für } x > 0, \\ 0 & \text{für } x = 0, \\ -2x & \text{für } x < 0. \end{cases}$$

(Falls Sie Schwierigkeiten bei der Berechnung von $f'(0)$ hatten, verweisen wir auf S.1.1. (Seite 38); vergleichen Sie auch das dort anschließend gegebene Beispiel.)

Wir folgern:

$f(x)$ ist differenzierbar für ....

→ 99

135

Da $f(x)$ auf $[a, b]$ stetig ist, nimmt diese Funktion dort einen kleinsten Funktionswert g an (Satz von Weierstraß). Es sei etwa $g = f(x_g)$. Dann gilt auf Grund unserer Annahme $g < f(a)$ und $x_g \in (a, b)$.
Die einseitigen Ableitungen $f_r'(x_g)$ und $f_l'(x_g)$ haben unterschiedliches Vorzeichen gemäß

$$f_r'(x_g) = \lim_{h \to +0} \frac{f(x_g + h) - f(x_g)}{h} \geqq 0 \quad (\text{wegen } f(x_g + h) \geqq f(x_g)),$$

$$f_l'(x_g) = \lim_{h \to -0} \frac{f(x_g + h) - f(x_g)}{h} \leqq 0.$$

An der Stelle x_g existiert $f'(x_g)$, d.h., es gilt

$$f_r'(x_g) = f_l'(x_g) = f'(x_g).$$

Daraus folgt

$$f'(x_g) = 0.$$

Wir setzen $\xi = x_g$ und haben somit eine Stelle ξ mit $f'(\xi) = 0$ gefunden. Damit ist der Satz vollständig bewiesen.

! Sehen Sie sich den Beweisgedanken des Satzes von Rolle noch einmal in der Zusammenfassung an!

→ Z_9, Seite 113

23

$$hz(x_0; h) + hf'(x_0) = f(x_0 + h) - f(x_0).$$

Wegen $\Delta y = f(x_0 + h) - f(x_0)$ folgt unmittelbar die Weierstraßsche Zerlegungsformel:

$$\Delta y = hf'(x_0) + hz(x_0; h) \quad \text{mit}$$
$$\lim_{h \to 0} z(x_0; h) = z(x_0; 0) = 0.$$

Da die in den Lehrschritten 21 bis 22 entwickelte Schlußkette umkehrbar ist, läßt sich auch mit Hilfe der Weierstraßschen Zerlegungsformel eine notwendige und hinreichende Bedingung für die Existenz der Ableitung einer Funktion gewinnen.

——▸ 24

---

61 Mitunter ist es zweckmäßig, mehrere Funktionen „ineinanderzuschachteln". Wir beschränken uns hier auf den formalen Vorgang, verweisen jedoch ausdrücklich auf die in 57 (Seite 48) gegebene Definition einer zusammengesetzten Funktion, die dann sinngemäß zu erweitern ist. Wir erläutern den Sachverhalt an zwei Beispielen.
Für die Funktion

$$F(x) = \ln (1 + e^{\sin 2x}),\ x \in \mathbf{R},$$

läßt sich folgende Darstellung angeben:

$$u = g(x) = 2x,\quad x \in \mathbf{R},\qquad w = k(v) = 1 + e^v,\quad v \in \mathbf{R},$$
$$v = h(u) = \sin u,\quad u \in \mathbf{R},\qquad z = l(w) = \ln w,\quad w \in (0, \infty).$$

Entsprechend setzt man bei der Funktion

$$F(x) = \cos \frac{1 - e^{x^2+1}}{1 + e^{x^2+1}},\ x \in \mathbf{R},$$

$u = g(x) = \ldots\ldots\ldots\ldots,\qquad x \in \ldots\ldots,$

$v = h(u) = \ldots\ldots\ldots\ldots,\qquad u \in \ldots\ldots,$

$w = k(v) = \ldots\ldots\ldots\ldots,\qquad v \in \ldots\ldots,$

$z = l(w) = \ldots\ldots\ldots\ldots,\qquad w \in \ldots\ldots.$

——▸ 62

99

jedes $x \in \mathbb{R}$.

Wir prüfen nun, ob die Funktion

$$f'(x) = \begin{cases} 2x & \text{für } x > 0, \\ (& \text{für } x = 0, \\ -2x & \text{für } x < 0 \end{cases}$$

differenzierbar st.

Es gilt für $x > 0$ . . . . ,
für $x < 0$ . . . . ,
für $x =$ . . . .

→ 100

136

Wir wenden uns nun dem Mittelwertsatz der D'fferent'alrechnung zu.

S.9.2. Mittelwertsatz der Differentialrechnung:

$$\left.\begin{array}{l} f(x) \text{ stetig auf } [a, b], \\ f(x) \text{ differenzierbar auf } (a, b) \end{array}\right\} \Rightarrow \left\{\begin{array}{l} \exists\, \xi \in (a, b) \text{ mit} \\ f'(\xi) = \dfrac{f(b) - f(a)}{b - a}. \end{array}\right.$$

Wie würden Sie den Inhalt des Satzes geometrisch interpretieren? Verdeutlichen Sie Ihre Gedanken dazu mit Hilfe der Abb. 38!

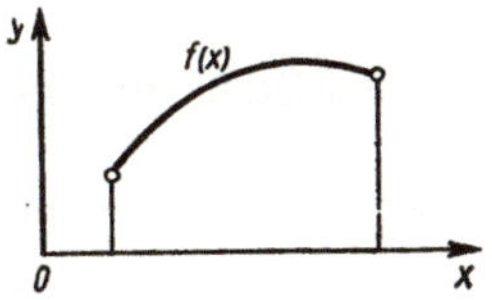

Abb. 38

Vergleichen Sie!

→ 137

24 Zur Formulierung dieses Satzes sind zunächst die Voraussetzungen anzugeben.
Welche Voraussetzung muß $f(x)$ auf $U(x_0)$ erfüllen?
Da es sich um eine notwendige und hinreichende Bedingung handeln soll, sind zwei Aussagen zu formulieren.
Wir haben bereits gezeigt (Lehrschritte 21 bis 22):

$$f'(x_0) \text{ existiert} \Rightarrow \begin{cases} \text{der Funktionszuwachs } \Delta y = f(x_0 + h) - f(x_0) \\ \text{besitzt die Darstellung} \\ \Delta y = hf'(x_0) + hz(x_0; h) \\ \text{mit } \lim\limits_{h \to 0} z(x_0; h) = z(x_0; 0) = 0. \end{cases}$$

Umgekehrt gilt (Lehrschritte 22 bis 21):

$$\left.\begin{matrix} \Delta y \text{ besitzt eine Darstellung} \\ \text{der Form } \Delta y = h \cdot \varphi_0 + hz(x_0; h) \\ \text{mit } \lim\limits_{h \to 0} z(x_0; h) = z(x_0; 0) = 0, \end{matrix}\right\} \Rightarrow \begin{cases} f(x) \text{ ist an der Stelle } x_0 \\ \text{differenzierbar, und es} \\ \text{gilt } \varphi_0 = f'(x_0). \end{cases}$$

! Fassen Sie beide Aussagen zu einem Satz zusammen!

——→ 25

62

$$u = g(x) = x^2 + 1, \quad x \in \mathsf{R},$$

$$v = h(u) = e^u, \quad u \in \mathsf{R},$$

$$w = k(v) = \frac{1 - v}{1 + v}, \quad v \in \mathsf{R} \text{ mit } v \neq -1,$$

$$z = l(w) = \cos w, \quad w \in \mathsf{R}.$$

Wenn Sie weitere Beispiele zum Analysieren der Struktur von Funktionen selbständig bearbeiten wollen,

dann ——→ 63

sonst ——→ 66

100

$$(f'(x))' = \begin{cases} 2 & \text{für } x > 0, \\ -2 & \text{für } x < 0. \end{cases}$$

Die Funktion $f'(x)$ ist also für jedes $x \neq 0$ differenzierbar. An der Stelle $x = 0$ ist jedoch $f'(x)$ nicht differenzierbar. (Das ergibt sich sowohl aus der analytischen Darstellung $f'(x) = 2\,|x|$, $x \in \mathbf{R}$, als auch aus dem Bild von $f'(x)$.)

Eine Funktion braucht also nicht „beliebig oft" differenzierbar zu sein. Die Existenz der Ableitungen höherer Ordnung muß in jedem Falle geprüft werden.
Wir bilden die höheren Ableitungen einiger elementarer Funktionen.

Für $f(x) = x^n$, $x \in \mathbf{R}$, $n \in \mathbf{N}$, ergibt sich

$f'(x) = \ldots\ldots\ldots\ldots,$

$f''(x) = \ldots\ldots\ldots\ldots,$

$f'''(x) = \ldots\ldots\ldots\ldots$

→ 101

137

Ihre Überlegungen müssen (sinngemäß) mit den folgenden übereinstimmen:

Es existiert mindestens eine Stelle $\xi \in (a, b)$, so daß die Tangente t_ξ im Punkt $(\xi, f(\xi))$ des Bildes von $f(x)$ parallel zur Sekante s durch die Punkte $(a, f(a))$ und $(b, f(b))$ ist (vgl. Abb. 39).

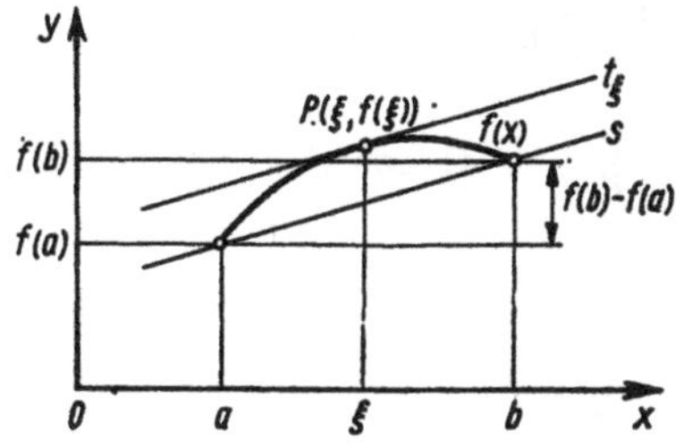

Abb. 39

→ 138

25

S.1.3. Die auf $U(x_0)$ definierte Funktion $f(x)$ besitzt in x_0 dann und nur dann die Ableitung $f'(x_0)$, wenn sich der Funktionszuwachs $\Delta y = f(x_0 + h) - f(x_0)$ in der Form

$$\boxed{\Delta y = hf'(x_0) + hz(x_0; h)}$$

mit $\lim\limits_{h \to 0} z(x_0; h) = 0$ darstellen läßt.

Wir empfehlen Ihnen, die von Ihnen nicht richtig gelösten Aufgaben der Kontrolle K_1 (Seite 87) jetzt nochmals zu lösen, Ihre Fehler zu korrigieren und dann hierher zurückzukehren.

——K_1 (Seite 87) ⟶ ↩

Wenn Sie Übungsaufgaben zu diesem Lehrabschnitt rechnen wollen,

dann ⟶ Ü 1, Seite 118

sonst ⟶ Z_1, Seite 109

63

Stellen Sie folgende Funktionen in Ihrem Arbeitsheft als zusammengesetzte Funktionen dar:

1) a) $\dfrac{1}{(1-x^2)^5}$, $\quad x \in (-1, 1)$, $\qquad$ d) $\dfrac{\sin^2 x}{1+\sin x}$, $\quad x \in \left(-\dfrac{\pi}{2}, \dfrac{\pi}{2}\right)$,

b) $\sqrt{\cos 4x}$, $\quad x \in \left(-\dfrac{\pi}{8}, \dfrac{\pi}{8}\right)$, $\qquad$ e) $x^2\sqrt{1-x^2}$, $\quad x \in [-1, 1]$,

c) $\sqrt{2x - \sin 2x}$, $\quad x \in \left(0, \dfrac{\pi}{2}\right)$, $\qquad$ f) $\cos^2 x^2$, $\quad x \in \mathbf{R}$.

2) a) $\sqrt{1 + \cos^2 x^2}$, $\quad x \in \mathbf{R}$,

b) $\sin^2 (a + be^{\tan 2x})$, $x \in \left(-\dfrac{\pi}{2}, \dfrac{\pi}{2}\right)$.

Vergleichen Sie Ihre Ergebnisse! ⟶ 64

101

$$f'(x) = nx^{n-1},$$
$$f''(x) = n(n-1)\,x^{n-2},$$
$$f'''(x) = n(n-1)(n-2)\,x^{n-3}.$$

Für die k-te Ableitung ($k < n$) erhält man

$f^{(k)}(x) = \ldots\ldots\ldots\ldots\ldots\ldots,$

Aus $f^{(n-1)}(x) = \ldots\ldots\ldots\ldots\ldots\ldots$

folgt $f^{(n)}(x) = \ldots\ldots\ldots\ldots\ldots\ldots$

→ 102

138

Wir wollen nun den Satz beweisen.
Folgende Abbildung soll die Überlegungen zum Beweis veranschaulichen:

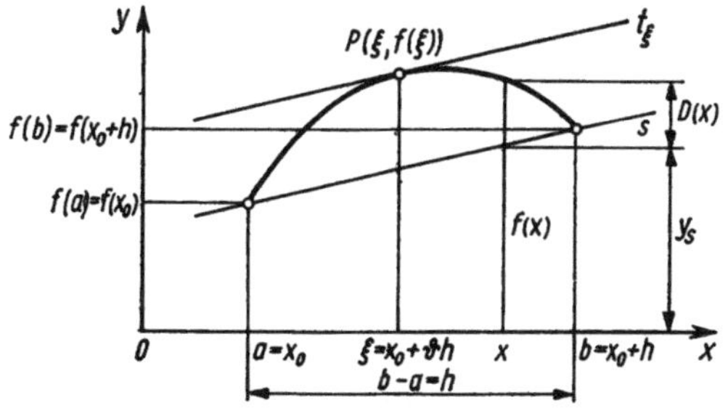

Abb. 40

Wir konstruieren auf $[a, b]$ eine geeignete Hilfsfunktion $D(x)$, die allen Voraussetzungen des Satzes von Rolle genügt. Wir wählen dafür an der variablen Stelle x jeweils die Differenz zwischen Kurvenkoordinate und Sekantenkoordinate

$$D(x) = f(x) - y_s.$$

Zur Bestimmung von y_s benötigt man die Gleichung der Sekante s.

Stellen Sie die Gleichung der Sekante s auf!

Vergleichen Sie dann bei → 139

26

2. Stetigkeit und Differenzierbarkeit

Im folgenden wollen wir den Zusammenhang zwischen Stetigkeit und Differenzierbarkeit einer Funktion $f(x)$ erläutern.
Zur Wiederholung beantworten Sie bitte folgende Fragen:

1) Wie ist die Stetigkeit einer Funktion $f(x)$ an der Stelle x_0 definiert?
2) Wie ist die Differenzierbarkeit einer Funktion $f(x)$ an der Stelle x_0 definiert?

! Formulieren Sie die Antworten und vergleichen Sie anschließend!

1) ....
....
2) ....
....

→ 27

---

64 1) a) $z = g(x) = 1 - x^2, \quad x \in (-1, 1),$

$$f(z) = \frac{1}{z^5}.$$

b) $z = g(x) = \cos 4x, \quad x \in \left(-\frac{\pi}{8}, \frac{\pi}{8}\right),$

$f(z) = \sqrt{z}$
oder auch
$u = g(x) = 4x,$
$v = h(u) = \cos u,$
$z = k(v) = \sqrt{v}.$

c) $z = g(x) = 2x - \sin 2x, \quad x \in \left(0, \frac{\pi}{2}\right),$

$f(z) = \sqrt{z}$
oder auch
$u = g(x) = 2x,$
$v = h(u) = u - \sin u,$
$z = k(v) = \sqrt{v}.$

d) $z = g(x) = \sin x, \quad x \in \left(-\frac{\pi}{2}, \frac{\pi}{2}\right),$

$$f(z) = \frac{z^2}{1 + z}.$$

→ 65

102

$$f^{(k)}(x) = n(n-1)\cdot \cdots \cdot (n-(k-1))x^{n-k} = n(n-1)\cdot \cdots \cdot (n-k+1)x^{n-k},$$
$$f^{(n-1)}(x) = n(n-1)\cdot \cdots \cdot (n-(n-1-1))x^{n-(n-1)} = n(n-1)\cdot \cdots \cdot 2x,$$
$$f^{(n)}(x) = n(n-1)\cdot \cdots \cdot (n-(n-1))x^{n-n} = n(n-1)\cdot \cdots \cdot 2\cdot 1.$$
$$= n!$$

Für alle ganzen $p > n$ folgt dann

$$f^{(p)}(x) = \dots\dots\dots\dots\dots\dots$$

→ 103

139

$$\frac{y_s - f(a)}{x - a} = \frac{f(b) - f(a)}{b - a}$$

oder

$$y_s = f(a) + \frac{f(b) - f(a)}{b - a}\cdot (x - a).$$

Wie lautet damit die Hilfsfunktion $D(x)$?

$$D(x) = f(x) - y_s = \dots\dots\dots\dots\dots\dots\dots$$

→ 140

27 Sinngemäß:

1) $f(x)$ heißt an der Stelle x_0 stetig, wenn gilt:

a) $\lim_{x \to x_0} f(x) = f(x_0)$

oder

b) $\lim_{h \to 0} f(x_0 + h) = f(x_0)$

oder

c) Zu jedem $\varepsilon > 0$ existiert ein $\delta = \delta(\varepsilon) > 0$ derart, daß $|f(x) - f(x_0)| < \varepsilon$ ist für jedes x mit $|x - x_0| < \delta$.

2) $f(x)$ heißt an der Stelle x_0 differenzierbar, wenn

a) $f'(x_0) = \lim_{h \to 0} \frac{f(x_0 + h) - f(x_0)}{h}$ existiert

oder

b) zu jedem $\varepsilon > 0$ ein $\delta = \delta(\varepsilon) > 0$ existiert mit

$\left| \frac{f(x_0 + h) - f(x_0)}{h} - f'(x_0) \right| < \varepsilon$ für jedes h mit $0 < |h| < \delta$.

→ 28

---

65 e) $z = g(x) = x^2, \quad x \in [-1, 1],$

$f(z) = z\sqrt{1 - z}.$

f) $z = g(x) = x^2, \quad x \in \mathbf{R},$

$f(z) = \cos^2 z$

oder auch

$u = g(x) = x^2,$

$v = h(u) = \cos u,$

$z = k(v) = v^2.$

2) a) $u = g(x) = x^2, \quad x \in \mathbf{R},$ $\qquad w = k(v) = 1 + v^2,$

$v = h(u) = \cos u,$ $\qquad z = l(w) = \sqrt{w}.$

b) $r = g(x) = 2x, \quad x \in \left(-\frac{\pi}{2}, \frac{\pi}{2}\right),$

$s = h(r) = \tan r,$

$u = k(s) = e^s,$ $\qquad w = m(v) = \sin v,$

$v = l(u) = a + bu,$ $\qquad z = p(w) = w^2.$

→ 66

103

$f^{(p)}(x) = 0$ für $p \in \mathbb{N},\ p > n.$

(Die Ableitung einer Konstanten ist Null!)

Vervollständigen Sie!

$f(x) = e^{ax}, \quad x \in \mathbb{R}, \quad a \in \mathbb{R},$ | $f(x) = a^x, \quad x \in \mathbb{R}, \quad a > 0, \quad a \neq 1,$

$f'(x) = ae^{ax},$ | $f'(x) = a^x \cdot \ln a,$

$f''(x) = \ldots\ldots\ldots\ldots,$ | $f''(x) = \ldots\ldots\ldots\ldots,$

$\vdots$ | $\vdots$

$f^{(n)}(x) = \ldots\ldots\ldots\ldots$ | $f^{(n)}(x) = \ldots\ldots\ldots\ldots$

——→ 104

140

$$D(x) = f(x) - f(a) - \frac{f(b) - f(a)}{b - a} \cdot (x - a), \quad x \in [a, b].$$

Zeigen Sie in Ihrem Arbeitsheft, daß $D(x)$ allen Voraussetzungen des Satzes von Rolle genügt!

Vergleichen Sie! ——→ 141

28

Wir werden nun zeigen, daß die Stetigkeit eine zwar notwendige, aber nicht hinreichende Bedingung für die Differenzierbarkeit einer Funktion ist.

S.2.1. 1) $f(x)$ in x_0 differenzierbar $\Rightarrow f(x)$ in x_0 stetig.
2) Diese Implikation ist nicht umkehrbar!

Beweis: 1) Für die erste Aussage des Satzes geben wir zwei Beweise an, und zwar

a) ohne Verwendung der Weierstraßschen Zerlegungsformel

→ 29

b) mit Verwendung der Weierstraßschen Zerlegungsformel

→ 33

66

Im folgenden wollen wir die Differentiation der zusammengesetzten Funktionen betrachten.

Es gilt:

S.5.1. („Kettenregel")

$$\left.\begin{array}{l} f(z) \text{ auf } (a_1, b_1) \\ \text{nach } z \text{ differenzierbar,} \\ z = g(x) \text{ auf } (a_2, b_2) \\ \text{nach } x \text{ differenzierbar,} \\ \text{Wertevorrat von } g(x) \\ \text{in } (a_1, b_1) \text{ enthalten} \end{array}\right\} \Rightarrow \left\{\begin{array}{l} F(x) = f(g(x)) \text{ auf } (a_2, b_2) \text{ nach } x \\ \text{differenzierbar.} \\ \text{Für jedes } x_0 \in (a_2, b_2) \text{ gilt:} \\ F'(x_0) = f'(z_0) \cdot g'(x_0) \\ \text{mit } z_0 = g(x_0) \text{ oder} \\ F'(x_0) = \left.\frac{df}{dz}\right|_{z=z_0} \cdot \left.\frac{dg}{dx}\right|_{x=x_0}. \end{array}\right.$$

Bemerkung: Häufig verwendet man für die Aussage in S.5.1. die einprägsame Schreibweise $\frac{dF}{dx} = \frac{df}{dz} \cdot \frac{dz}{dx}$ mit $z = g(x)$.
Für mehrfach zusammengesetzte Funktionen läßt sich die Aussage von S.5.1. verallgemeinern.

→ 67

104

$f''(x) = a^2 e^{ax}$, $\quad f''(x) = a^x (\ln a)^2$,

$f^{(n)}(x) = a^n e^{ax}$. $\quad f^{(n)}(x) = a^x (\ln a)^n$.

Die Funktionen $f(x) = e^{ax}$, $a \in \mathbf{R}$, und $f(x) = a^x$, $a > 0$, $a \neq 1$, sind also für alle reellen x beliebig oft differenzierbar.
Auch $f(x) = \sin x$, $x \in \mathbf{R}$, kann beliebig oft differenziert werden.
Bilden Sie von der Funktion $f(x) = \sin x$, $x \in \mathbf{R}$, die ersten fünf Ableitungen, und ermitteln Sie ein allgemeines Bildungsgesetz für die n-te Ableitung!

$f'(x) = \ldots\ldots\ldots\ldots,$

$f''(x) = \ldots\ldots\ldots\ldots,$

$f'''(x) = \ldots\ldots\ldots\ldots,$ $\qquad f^{(n)}(x) = \begin{cases} \ldots\ldots\ldots, \\ \ldots\ldots\ldots \end{cases}$

$f^{(4)}(x) = \ldots\ldots\ldots\ldots,$

$f^{(5)}(x) = \ldots\ldots\ldots\ldots,$

→ 105

141

a) $D(x)$ ist als Differenz zweier stetiger Funktionen auf $[a, b]$ stetig;

b) $D(x)$ ist auf (a, b) differenzierbar mit

$$D'(x) = f'(x) - \frac{f(b) - f(a)}{b - a};$$

c) $D(a) = D(b) = 0$.

Bei Anwendung des Satzes von Rolle auf die Funktion $D(x)$ ergibt sich:

→ 142

29

Für $h \neq 0$ gilt

$$(*) \qquad f(x_0 + h) - f(x_0) = \frac{f(x_0 + h) - f(x_0)}{h} \cdot h \, .$$

Beim Grenzübergang $h \to 0$ folgt für die linke Seite der Gleichung (*)

$$\lim_{h \to 0} [f(x_0 + h) - f(x_0)] = \dots\dots\dots\dots\dots$$

Setzt man $x_0 + h = x$ ($h \to 0$ ist dann gleichbedeutend mit $x \to x_0$), so ist

$$\lim_{h \to 0} f(x_0 + h) - f(x_0) = \dots\dots\dots\dots\dots\dots$$

→ 30

67

Den Beweis der Kettenregel finden Sie in der angegebenen Literatur (z. B. in [1], Seite 288 ff.). Wir wollen nun die Kettenregel anwenden.

Es sei $F(x) = \sqrt{x^4 + 8x^2 + 1}, \quad x \in \mathrm{R}$.

Wir betrachten

$z = g(x) = \dots\dots\dots\dots$ als innere Funktion,

$f(z) = \dots\dots\dots\dots$ als äußere Funktion.

Mithin ist

$$\frac{df}{dz} = \dots\dots\dots \text{ und } \frac{dg}{dx} = \dots\dots\dots\dots$$

Nach der Kettenregel ist $\dfrac{dF}{dx} = \dfrac{df}{dz} \cdot \dfrac{dg}{dx}$,

d. h. für unser Beispiel $\dfrac{dF}{dx} = \dots\dots\dots\dots$

→ 68

$$f'(x) = \cos x,$$ **105**

$$f''(x) = -\sin x,$$

$$f'''(x) = -\cos x,$$

$$f^{(4)}(x) = \sin x,$$

$$f^{(5)}(x) = \cos x,$$

$$(*)\ f^{(n)}(x) = \begin{cases} (-1)^k \sin x & \text{für } n = 2k, \\ (-1)^k \cos x & \text{für } n = 2k+1. \end{cases} \quad k \geqq 0, \text{ ganz.}$$

Bei geradzahligen Ableitungen ergibt sich offensichtlich die Sinusfunktion, bei ungeradzahligen die Kosinusfunktion.
Das jeweilige Vorzeichen wird durch den Term $(-1)^k$ bestimmt.
Der Beweis der Formel $(*)$, den wir hier weglassen, kann durch vollständige Induktion geführt werden.

——▸ 106

142

Sinngemäß:

Es existiert nach dem Satz von Rolle mindestens ein $\xi \in (a, b)$ mit der Eigenschaft $D'(\xi) = 0$, d.h., es gilt

$$0 = f'(\xi) - \frac{f(b) - f(a)}{b - a}$$

oder

$$f'(\xi) = \frac{f(b) - f(a)}{b - a}.$$

Damit ist der Satz bewiesen.

Offenbar ergibt sich aus der vorliegenden Form für

$$f(a) = f(b)$$

der Satz von Rolle als Spezialfall.
Warum war dennoch der Beweis des Satzes von Rolle notwendig?

Antwort: ....

——▸ 143

30

$$\lim_{h\to 0} [f(x_0 + h) - f(x_0)] = \lim_{h\to 0} f(x_0 + h) - f(x_0)$$

$$\lim_{h\to 0} f(x_0 + h) - f(x_0) = \lim_{x\to x_0} f(x) - f(x_0).$$

Bestimmen Sie (unter Beachtung der Existenz von $f'(x_0)$) den Grenzwert für $h \to 0$ der rechten Seite von Gleichung (*), Seite 68!

$$\lim_{h\to 0} \frac{f(x_0 + h) - f(x_0)}{h} \cdot h = \ldots\ldots\ldots\ldots\ldots\ldots\ldots\ldots,$$

$$= \ldots\ldots\ldots\ldots\ldots\ldots\ldots\ldots,$$

$$= \ldots\ldots\ldots\ldots\ldots\ldots\ldots\ldots.$$

Hinweis: Man beachte, daß alle auftretenden Grenzwerte existieren!

→ 31

68

$$z = g(x) = x^4 + 8x^2 + 1,$$

$$f(z) = \sqrt{z} = z^{\frac{1}{2}};$$

$$\frac{df}{dz} = \frac{1}{2} \cdot z^{-\frac{1}{2}} = \frac{1}{2\sqrt{z}} \quad \text{und} \quad \frac{dg}{dx} = 4x^3 + 16x,$$

$$\frac{dF}{dx} = \frac{1}{2 \cdot \sqrt{x^4 + 8x^2 + 1}} \cdot (4x^3 + 16x) = \frac{2x^3 + 8x}{\sqrt{x^4 + 8x^2 + 1}}.$$

Bestimmen Sie unter Verwendung der Kettenregel die erste Ableitung der Funktion

$$F(x) = \ln \cos x,\ x \in \left(-\frac{\pi}{2} + 2n\pi, \frac{\pi}{2} + 2n\pi\right),\ n \in \mathbf{G}!$$

! Vergleichen Sie Ihr Ergebnis mit folgenden Lösungsangeboten:

a) $\frac{1}{\cos x}$ → 69

b) $\frac{\sin x}{\cos x}$ → 70

c) $-\tan x$ → 71

d) Wenn Sie die Aufgabe nicht lösen können, dann vergleichen Sie Ihr Vorgehen mit dem Beispiel in → 67

106

Wir empfehlen Ihnen, die von Ihnen nicht richtig gelösten Aufgaben der Kontrolle K_7 (Seite 103) jetzt nochmals zu lösen, Ihre Fehler zu korrigieren und dann hierher zurückzukehren.

—— K_7 (Seite 103) ——⟲

Wenn Sie danach noch weitere Übungsaufgaben zu diesem Lehrabschnitt rechnen möchten,

dann ————▶ Ü 109, Seite 171

sonst ————▶ Z_7, Seite 112

143

Sinngemäß:

Der Beweis des Mittelwertsatzes wird auf den Beweis des Satzes von Rolle zurückgeführt, der also als bewiesen vorausgesetzt werden muß.

Für die Anwendung des Mittelwertsatzes ist es häufig vorteilhaft, eine andere Schreibweise zu verwenden (vgl. Abb. 40, Seite 61).

Setzen wir $a = x_0$, $b = x_0 + h$ und damit $b - a = h$,

so gilt $x_0 < \xi < x_0 + h$.

ξ kann daher in der Form dargestellt werden

$$\xi = x_0 + \vartheta h, \quad \vartheta \in (0, 1).$$

Schreiben Sie den Mittelwertsatz in dieser Schreibweise auf!

....

.... Dann ————▶ 144

31

$$\lim_{h\to 0}\left[\frac{f(x_0+h)-f(x_0)}{h}\cdot h\right] = \lim_{h\to 0}\frac{f(x_0+h)-f(x_0)}{h}\cdot\lim_{h\to 0} h,$$

$$= f'(x_0)\cdot 0,$$

$$= 0$$

Beim Grenzübergang $h \to 0$ ergibt sich aus der Gleichung (*), Seite 68, also einerseits

$$\lim_{h\to 0} f(x_0+h) - f(x_0) = \lim_{x\to x_0} f(x) - f(x_0)$$

und andererseits

$$\lim_{h\to 0} f(x_0+h) - f(x_0) = \lim_{h\to 0}\left[\frac{f(x_0+h)-f(x_0)}{h}\cdot h\right] = 0.$$

Damit folgt:

....

→ 32

69

Das von Ihnen erhaltene Ergebnis ist mit der Ableitung $g'(x)$ der inneren Funktion $g(x) = \cos x$ zu multiplizieren!

! Vergleichen Sie nochmals bei → 68

107

8. Das Differential

Als weiteren Begriff führen wir nun das **Differential** einer Funktion $f(x)$ ein.
Dieser von Leibniz eingeführte Begriff besitzt sowohl theoretische als auch praktische Bedeutung, z. B. in der Fehlerrechnung.

Geometrisch betrachtet, verfolgt man mit der Einführung des Differentials die Absicht, die Kurve $y = f(x)$ in der Umgebung eines Kurvenpunktes P_0 (näherungsweise) durch die Tangente in diesem Punkt zu ersetzen.

→ 108

144

$$\left.\begin{array}{l} f(x) \text{ stetig auf } [x_0, x_0 + h], \\ f(x) \text{ differenzierbar auf } (x_0, x_0 + h) \end{array}\right\} \Rightarrow \left\{\begin{array}{l} \exists\, \vartheta \in (0, 1) \text{ mit} \\ f(x_0 + h) = f(x_0) + hf'(x_0 + \vartheta h). \end{array}\right.$$

Bemerkung: In dieser Form ist der Mittelwertsatz ein Spezialfall der Taylorschen Formel.

! Sehen Sie sich den Beweisgedanken des Mittelwertsatzes der Differentialrechnung noch einmal in der Zusammenfassung an!

→ Z_9, S.9.2.; Seite 114

32

$$\lim_{x \to x_0} f(x) - f(x_0) = 0$$

oder

$$\lim_{x \to x_0} f(x) = f(x_0),$$

d. h., $f(x)$ ist in x_0 stetig.

! Sie überspringen jetzt einige Lehrschritte!

→ 35

70

Ihr Ergebnis ist nicht richtig (Vorzeichenfehler!). Es gilt:

$$z = g(x) = \cos x, \quad f(z) = \ln z,$$

$$\frac{dg}{dx} = -\sin x, \quad \frac{df}{dz} = \frac{1}{z}.$$

Somit ergibt sich:

$$\frac{dF}{dx} = \ldots\ldots\ldots\ldots\ldots\ldots\ldots\ldots\ldots\ldots$$

→ 71

108

Betrachtet man die feste Stelle x_0 und den Argumentzuwachs $\Delta x = h = \mathrm{d}x$, so entspricht diesem der Funktionszuwachs

$$\Delta y = \ldots\ldots - \ldots\ldots$$

und in der folgenden Abbildung die Strecke ....

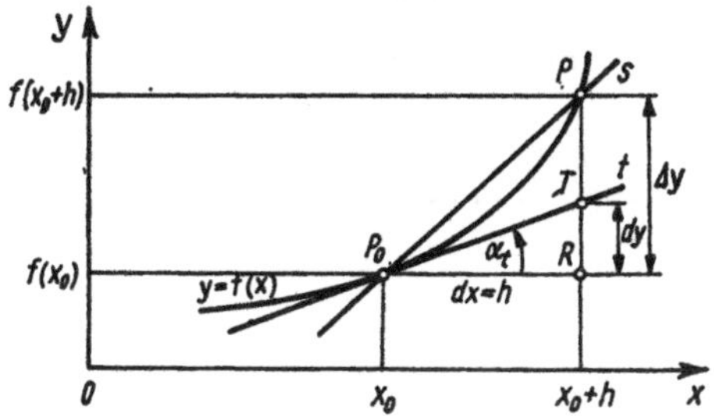

Abb. 23

→ 109

145

Als Anwendung des Mittelwertsatzes der Differentialrechnung behandeln wir die näherungsweise Berechnung von Funktionswerten. Wir verwenden dazu den Mittelwertsatz in der Form

$$f(x_0 + h) = f(x_0) + h \cdot f'(x_0 + \vartheta h), \quad \vartheta \in (0, 1).$$

Beispiel:

Unter Anwendung des Mittelwertsatzes schätze man ab:

$$f(x) = x^3 - 3x^2 + 3x + 1 \quad \text{für } x_0 = 1 \text{ und } h = 0{,}05.$$

Bestimmen Sie:

a) $f(x) = \ldots\ldots\ldots\ldots$, d) $f(x_0) = \ldots\ldots\ldots\ldots$,

b) $f'(x) = \ldots\ldots\ldots\ldots$, e) $f(x_0 + h) = \ldots\ldots\ldots\ldots$,

c) $x_0 + h = \ldots\ldots\ldots\ldots$, f) $f(x_0 + \vartheta h) = \ldots\ldots\ldots\ldots$

Die Anwendung des Mittelwertsatzes ergibt

$$f(1{,}05) = \ldots\ldots\ldots\ldots$$

→ 146

33 Nach Voraussetzung existiert

$$\lim_{h \to 0} \frac{f(x_0 + h) - f(x_0)}{h} = f'(x_0).$$

Aus der Weierstraßschen Zerlegungsformel folgt

$$f(x_0 + h) - f(x_0) = hf'(x_0) + hz(x_0; h),$$

$$f(x_0 + h) = \dots\dots\dots\dots\dots\dots$$

und damit

$$\lim_{h \to 0} f(x_0 + h) = \dots\dots\dots\dots\dots\dots$$

Daraus folgt wegen

$$\lim_{h \to 0} z(x_0; h) = 0$$

sofort $\lim_{h \to 0} f(x_0 + h) = \dots\dots\dots\dots$

→ 34

71

$$\frac{\mathrm{d}F}{\mathrm{d}x} = \frac{1}{\cos x} \cdot (-\sin x) = -\tan x$$

Das ist das richtige Ergebnis.

Bestimmen Sie die erste Ableitung der Funktion

$$F(x) = \arcsin \frac{x}{\sqrt{1+x^2}}, \quad x \in \mathrm{R}\,!$$

! Vergleichen Sie Ihr Ergebnis mit den folgenden Lösungsangeboten:

$$\frac{1}{\sqrt{1 - \frac{x^2}{1+x^2}}} \cdot \frac{\sqrt{1+x^2} - \frac{x^2}{\sqrt{1+x^2}}}{1+x^2}$$ → 72

$$\frac{1}{1+x^2}$$ → 74

109

$\Delta y = f(x_0 + h) - f(x_0)$,

$\overline{RP}$.

Der zum Abszissenzuwachs dx gehörende Ordinatenzuwachs Δy des entsprechenden Kurvenpunktes P kann, wie der Abb. 23 zu entnehmen ist, in die Summe

$\overline{RP} = \ldots\ldots + \ldots\ldots$

zerlegt werden.

→ 110

146

a) $f(x) \quad = x^3 - 3x^2 + 3x + 1$, d) $f(x_0) \quad = 2$,

b) $f'(x) \quad = 3x^2 - 6x + 3$, e) $f(x_0 + h) \quad = f(1{,}05)$,

c) $x_0 + h = 1{,}05$, f) $f'(x_0 + \vartheta h) = 3 \cdot 0{,}05^2 \vartheta^2$.

Die Anwendung des Mittelwertsatzes ergibt

$$f(1{,}05) = 2 + 3 \cdot 0{,}05^3 \vartheta^2, \quad \vartheta \in (0{,}1).$$

Wie Sie bemerken, hängt der Funktionswert $f(1{,}05)$ von der Größe ϑ ab, die uns numerisch im allgemeinen nicht bekannt ist. Wenn der ϑ enthaltende Ausdruck streng monoton ist, dann kann man durch das Einsetzen spezieller Werte für ϑ Abschätzungen vornehmen. In vielen Fällen ist es zweckmäßig, statt ϑ die Werte 0 und 1 einzusetzen (die aber nicht zum Variabilitätsbereich von ϑ gehören).

Einsetzen von 1 ergibt $f(1{,}05) < \ldots\ldots\ldots\ldots$

Einsetzen von 0 ergibt $f(1{,}05) > \ldots\ldots\ldots\ldots$

Damit hat man

$$\ldots\ldots\ldots\ldots < f(1{,}05) < \ldots\ldots\ldots\ldots$$

→ 147

34

$$f(x_0 + h) = f(x_0) + hf'(x_0) + hz(x_0; h),$$

$$\lim_{h\to 0} f(x_0 + h) = \lim_{h\to 0} f(x_0) + \lim_{h\to 0} hf'(x_0) + \lim_{h\to 0} hz(x_0; h),$$

$$\lim_{h\to 0} f(x_0 + h) = f(x_0),$$

d.h., $f(x)$ ist in x_0 stetig.

——▶ 35

72

Sie haben die Kettenregel richtig angewandt.
Der Ausdruck

$$F'(x) = \frac{1}{\sqrt{1 - \frac{x^2}{1+x^2}}} \cdot \frac{\sqrt{1+x^2} - \frac{x^2}{\sqrt{1+x^2}}}{1+x^2}$$

läßt sich weiter vereinfachen, wenn der zweite Quotient mit $\sqrt{1+x^2}$ erweitert wird.
Dabei erhält man

$$F'(x) = \ldots\ldots\ldots\ldots\ldots\ldots, x \in \mathbf{R}.$$

——▶ 73

110

$$\overline{RP} = \overline{RT} + \overline{TP}.$$

Wir vergleichen den Ordinatenzuwachs Δy bei der Kurve mit dem entsprechenden Koordinatenzuwachs dy bei der Tangente t (durch P_0). Es gilt (vgl. Abb. 23, Seite 75)

bei der Kurve $\Delta y = \ldots\ldots\ldots\ldots,$

bei der Tangente $dy = \ldots\ldots\ldots\ldots$

→ 111

147

$$f(1{,}05) < 2{,}000375,$$

$$f(1{,}05) > 2{,}000000.$$

Damit hat man

$$2{,}000000 < f(1{,}05) < 2{,}000375.$$

Wir erhalten auf drei Dezimalstellen genau

$$f(1{,}05) = 2{,}000.$$

In vielen Fällen ist die Genauigkeit dieser Abschätzung für die Praxis ausreichend.

Der Vollständigkeit halber geben wir noch den verallgemeinerten Mittelwertsatz der Differentialrechnung an.

Wenn Sie diesen Satz kennenlernen möchten → 148

sonst → 150

35

2) Um zu zeigen, daß die Umkehrung der eben bewiesenen Aussage nicht gilt, genügt es, ein Gegenbeispiel anzuführen (z. B. $f(x) = |x|$ an der Stelle $x_0 = 0$).
Als Anwendung zu S.2.1. (Lehrschritt 28, Seite 66) betrachten wir das folgende **Beispiel:**

$$f(x) = \sqrt{\sin^2 x}, \quad x \in (-\pi, \pi)$$

a) ist in $x_0 = 0$ stetig und differenzierbar → 36

b) ist in $x_0 = 0$ zwar stetig, aber nicht differenzierbar → 41, Seite 16

! Entscheiden Sie, begründen Sie Ihre Entscheidung und gehen Sie dann zu dem angegebenen Lehrschritt!

73

$$F'(x) = \frac{1}{\sqrt{1 - \frac{x^2}{1+x^2}}} \cdot \frac{1}{(1+x^2)\cdot\sqrt{1+x^2}}, \quad x \in \mathbf{R}$$

oder, nach weiterer Vereinfachung,

$$F'(x) = \frac{1}{1+x^2}, \quad x \in \mathbf{R}.$$

→ 75

111

$\Delta y = \overline{RP}$,
$\mathrm{d}y = \overline{RT}$.

Den Ordinatenzuwachs $\overline{RT}$ der Tangente t nennt man das Differential $\mathrm{d}y$ der Funktion $f(x)$ (an der Stelle x_0 und für den Argumentzuwachs $h = \mathrm{d}x$). Einerseits ergibt sich für die Tangente t als Anstieg

$$(*)\ \tan \alpha_t = f'(x_0),$$

andererseits gilt im rechtwinkligen Dreieck P_0RT

$$(**)\ \tan \alpha_t = \ldots\ldots$$

Aus (*) und (**) folgt durch Vergleich

$$\ldots\ldots\ldots\ldots = \ldots\ldots\ldots\ldots$$

→ 112

148

S.9.3. Verallgemeinerter Mittelwertsatz; Satz von Cauchy:

$$\left.\begin{array}{l} f(x) \text{ und } g(x) \text{ stetig auf } [a, b], \\ f(x) \text{ und } g(x) \text{ differenzierbar auf } (a, b), \\ g'(x) \neq 0 \text{ auf } (a, b) \end{array}\right\} \Rightarrow \left\{\begin{array}{l} \exists\, \xi \in (a, b) \text{ mit} \\ \dfrac{f'(\xi)}{g'(\xi)} = \dfrac{f(b) - f(a)}{g(b) - g(a)}. \end{array}\right.$$

Begründen Sie, inwiefern dieser Satz eine Verallgemeinerung von S.9.2. (Seite 57) darstellt!

→ 149

36

Ihre Antwort ist nicht richtig.

Um das zu zeigen, vereinfachen wir zunächst den analytischen Ausdruck für $f(x)$. Nach der Definition der Quadratwurzel gilt

$$f(x) = \sqrt{\sin^2 x} = \dots\dots\dots\dots$$

→ 37

74

Die von Ihnen gefundene Lösung ist richtig und wurde in der einfachsten Form dargestellt.
Sie haben konzentriert und weckmäßig gearbeitet. Weiter so!

→ 75

112

$$\tan \alpha_t = \frac{\overline{RT}}{\overline{RP_0}} = \frac{dy}{dx} \text{ (lies: d}y\text{ durch d}x\text{)}.$$

$$\frac{dy}{dx} = f'(x_0).$$

Daraus folgt $dy = f'(x_0) \cdot dx$

D.8.1. Ist die Funktion $y = f(x)$, $x \in U(x_0)$, an der Stelle x_0 differenzierbar, so nennt man

$$\boxed{dy = f'(x_0) \cdot h = f'(x_0) \cdot dx}$$

das zur Stelle x_0 und zum (willkürlichen) Argumentzuwachs $h = dx$ gehörende **Differential** dieser Funktion.

Für die spezielle Funktion $y = x$ und den Argumentzuwachs $h = dx$ ergibt sich das Differential

$dy = \ldots\ldots\ldots\ldots$

→ 113

149

Sinngemäß:

Für $g(x) = x$ folgt aus dem verallgemeinerten Mittelwertsatz S.9.3. der Mittelwertsatz S.9.2.,
(Für die Funktion $g(x) = x$, $x \in [a, b]$, erhalten wir nämlich

$g'(x) = 1$ für jedes $x \in (a, b)$,

$g(a) = a; \quad g(b) = b.$

Damit ergibt sich aus S.9.3. unmittelbar die Aussage des Mittelwertsatzes (S.9.2., Seite 57):

$$f'(\xi) = \frac{f(b) - f(a)}{b - a}, \quad \xi \in (a, b).)$$

Auf einen Beweis von S.9.3. wollen wir verzichten.

→ 150

37 $f(x) = \sqrt{\sin^2 x} = |\sin x|, \quad x \in (-\pi, \pi).$

Skizzieren Sie im rechtwinkligen Koordinatensystem das Bild der Funktion

$$f(x) = \sqrt{\sin^2 x} = |\sin x|, \; x \in (-\pi, \pi)!$$

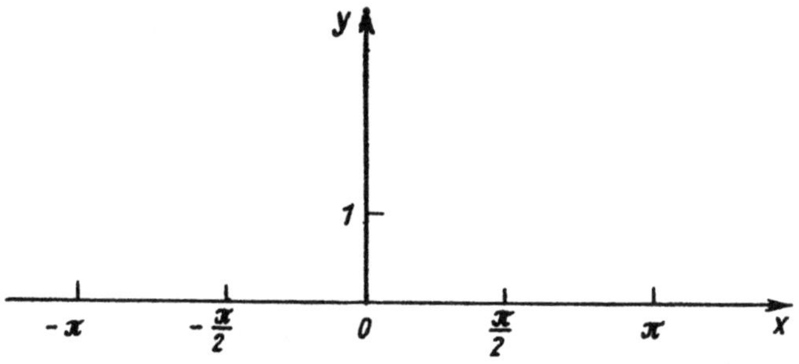

Abb. 17

→ 38

---

75 Ergänzend führen wir einige weitere Ableitungen zusammengesetzter Funktionen an. Dabei ist $z = g(x)$ eine beliebige differenzierbare Funktion und in der Tabelle entsprechend zu ersetzen.

$f(z)$	$F'(x)$
z^n	$n \cdot z^{n-1} \cdot g'(x)$
$\sqrt{z}$	$\frac{g'(x)}{2\sqrt{z}}$
$\sin z$	$\cos z \cdot g'(x)$
$\cos z$	$-\sin z \cdot g'(x)$
$\tan z$	$\frac{1}{\cos^2 z} \cdot g'(x)$
$\cot z$	$-\frac{1}{\sin^2 z} \cdot g'(x)$

→ 76

113

$$dy = 1 \cdot dx = dx$$

Daher bezeichnen wir den Argumentzuwachs $h = dx$ mitunter auch als das Differential der unabhängigen Veränderlichen x.

Aus D.8.1. folgt, daß die Ableitung $f'(x_0)$ numerisch mit einem Quotienten übereinstimmt.

Es gilt

$$f'(x_0) = \ldots\ldots\ldots\ldots$$

→ **114, Seite 13**

150

Wir empfehlen Ihnen, die von Ihnen nicht richtig gelösten Aufgaben der Kontrolle K_9 (Seite 105) jetzt nochmals zu lösen, Ihre Fehler zu korrigieren und dann hierher zurückzukehren.

— **K_9** (Seite 105) ↩

! Rechnen Sie weitere Übungsaufgaben zu diesem Lehrabschnitt!

→ **Ü 134, Seite 141**

38

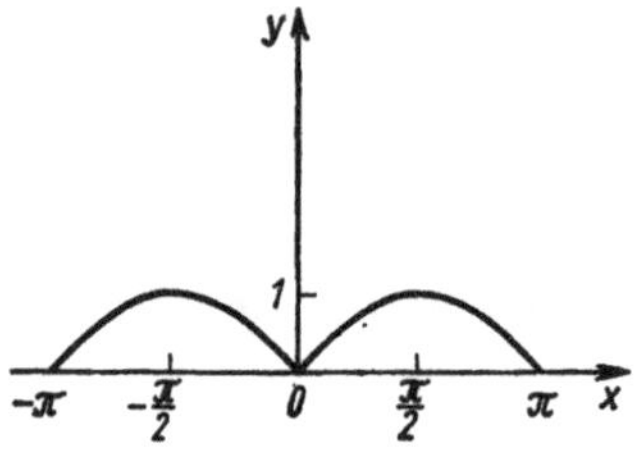

Abb. 18

Wir entnehmen Abb. 18 die Vermutung, daß $f(x)$ in $x_0 = 0$ stetig ist. Um das zu bestätigen, berechnen wir

$$\lim_{x \to 0} f(x) = \ldots\ldots\ldots\ldots ,$$

$$f(0) \quad = \ldots\ldots\ldots\ldots .$$

→ **39**, Seite 12

76

Wir empfehlen, die von Ihnen nicht richtig gelösten Aufgaben der Kontrolle K_5 (Seite 97) jetzt nochmals zu lösen, Ihre Fehler zu korrigieren und dann hierher zurückzukehren.

—K_5 (Seite 97) ⟲

Wenn Sie danach noch weitere Übungsaufgaben zur Anwendung der Kettenregel lösen möchten,

dann → **Ü 66**, Seite 166

sonst → Z_3 bis Z_5, Seite 111

1. Begriff der Ableitung

K₁

Von großer Bedeutung für die Beherrschung der Differentialrechnung ist das Verstehen und richtige Erfassen des zentralen Begriffes „Ableitung". Ihre Antworten auf die folgenden Fragen sollen darüber entscheiden, ob Sie den Lehrabschnitt „Begriff der Ableitung" durcharbeiten müssen oder einige Lehrschritte überspringen können.

! Beantworten Sie die folgenden Fragen schriftlich in Ihrem Arbeitsheft!

Kontrolle K_1

1) Was verstehen Sie unter dem Differenzenquotienten der Funktion $f(x)$ an der Stelle x_0?
   Hinweis: Stellen Sie diesen Quotienten analytisch dar. Eine benachbarte Stelle von x_0 werde dabei mit $x_0 + h$ oder $x_0 + \Delta x$ bezeichnet.
2) Wie nennt man — unter der Voraussetzung der Existenz — den Grenzwert dieses Differenzenquotienten für $h \to 0$ bzw. $\Delta x \to 0$?
3) Geben Sie eine notwendige Bedingung für die Existenz der Ableitung $f'(x_0)$ an!
4) Wie ist die Differenzierbarkeit von $f(x)$ auf dem Intervall (a, b) definiert?
5) Veranschaulichen Sie geometrisch den Zusammenhang zwischen Differenzenquotient und Differentialquotient!

! Vergleichen Sie Ihre Antworten mit denen auf der folgenden Seite!

——→ L_1

L₁

Lösung L_1 **Punkte**

1) $\dfrac{f(x_0+h)-f(x_0)}{h}$ oder $\dfrac{f(x_0+\Delta x)-f(x_0)}{\Delta x}$. 1

(Setzt man $\Delta y = f(x_0 + \Delta x) - f(x_0)$ und beachtet $\Delta x = (x_0 + \Delta x) - x_0$, so leuchtet die Bezeichnung „Differenzenquotient“ unmittelbar ein. Man schreibt kurz: $\left.\dfrac{\Delta y}{\Delta x}\right|_{x=x_0}$.)

2) Ableitung oder Differentialquotient von $f(x)$ an der Stelle x_0 (oder: in x_0). 1

3) Stetigkeit von $f(x)$ in x_0. 1

4) $f(x)$ heißt auf dem Intervall (a, b) differenzierbar, wenn $f(x)$ an jeder Stelle $x_0 \in (a, b)$ differenzierbar ist. 1

5) 1

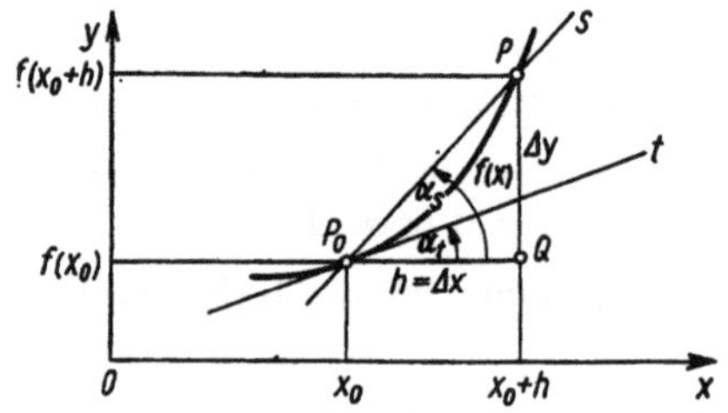

Abb. 3

(Sie erhalten für Ihre Lösung 1 Punkt, wenn in Ihrer Darstellung folgender Sachverhalt zum Ausdruck kommt:
Differenzen- bzw. Differentialquotient von $f(x)$ an der Stelle x_0 bedeuten geometrisch den Anstieg einer Sekante s (bestimmt durch P_0 und P) bzw. der Tangente t im Punkte P_0.)

Erreichbare Punktzahl: 5

! Addieren Sie die von Ihnen erreichten Punktzahlen!

Erreichte Punktzahl:

5 Punkte ⟶ 12, Seite 34
weniger als 5 Punkte ⟶ 1, Seite 12

2. Stetigkeit und Differenzierbarkeit

K_2

Die folgenden Ausführungen sollen dazu dienen, den Zusammenhang zwischen Stetigkeit und Differenzierbarkeit zu klären. Mit Hilfe der Kontrolle wollen wir feststellen, inwieweit Sie diesen Zusammenhang bereits überblicken. Dabei wird entschieden, ob Sie den Lehrabschnitt „Stetigkeit und Differenzierbarkeit" studieren müssen oder bereits zum nächsten Lehrabschnitt übergehen können.

Kontrolle K_2

1) Skizzieren Sie das Bild einer Funktion $f(x)$, welche an zwei gegebenen Stellen x_1 und x_2 zwar stetig, aber nicht differenzierbar ist!

2) Welcher Zusammenhang besteht allgemein zwischen Stetigkeit und Differenzierbarkeit einer Funktion?
Beweisen Sie Ihre Aussage!

3) Untersuchen Sie die Funktion

$$f(x) = |x| + |x - 1|, \quad x \in \mathrm{R}$$

an den Stellen $x_1 = 0$ und $x_2 = 1$ auf Stetigkeit und Differenzierbarkeit!
Fertigen Sie eine Skizze dieser Funktion an!

! Vergleichen Sie Ihre Ergebnisse mit denen auf der folgenden Seite!

→ L_2

L2

Lösung L_2 Punkte

1) Vergleichen Sie Ihre Skizze mit den angegebenen Beispielen!

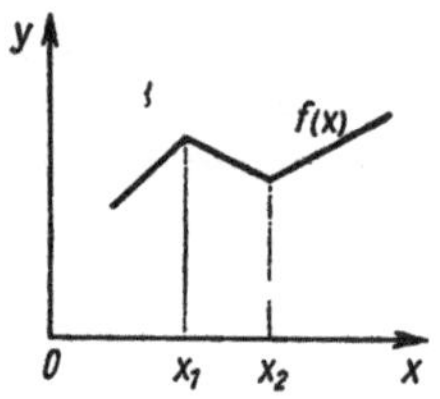

Abb. 12

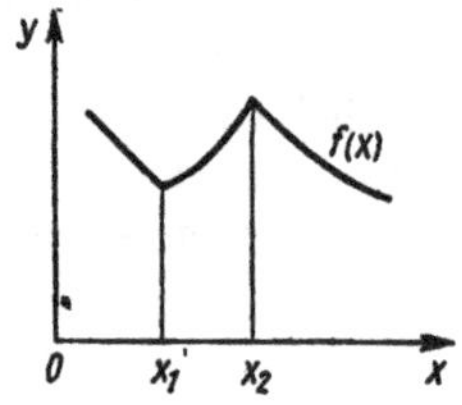

Abb. 13

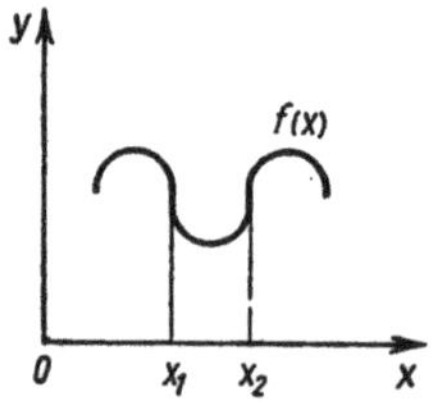

Abb. 14

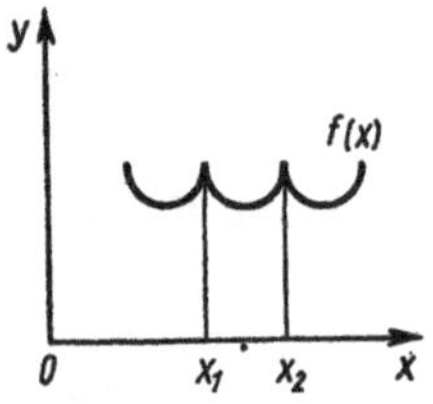

Abb. 15

In x_1 und x_2 muß die Stetigkeitsbedingung erfüllt sein. Hingegen besitzt das Bild der Funktion dort keine Tangenten, sondern eventuell nur einseitige Tangenten. Wenn Ihre Skizze diese Eigenschaften aufweist, dann haben Sie die Aufgabe richtig gelöst. 1

Einige Erläuterungen zu den Abbildungen:

Alle vier angegebenen Funktionen sind in x_1 und x_2 stetig, aber dort nicht differenzierbar.

Abb. 12: stückweise lineare Funktion; einseitige Tangenten in x_1 und x_2 fallen mit Kurvenstücken zusammen.

Abb. 13: in x_1 fällt eine einseitige Tangente mit einem Kurvenstück zusammen; in x_2 liegt eine sogenannte „Ecke" vor.

Abb. 14: die Kurve entsteht durch Aneinanderfügen von drei Halbkreisen; in x_1 und x_2 hat man jeweils vertikale, einseitige Tangenten.

Abb. 15: die Kurve entsteht ebenfalls durch Aneinanderfügen von Halbkreisen; in x_1 und x_2 liegen sogenannte „Spitzen" vor; die einseitigen Tangenten in x_1 und x_2 sind vertikal.

2) $f(x)$ in x_0 differenzierbar $\Rightarrow f(x)$ in x_0 stetig. 1
Die Umkehrung dieser Aussage gilt nicht.

Beweis der ersten Aussage: 1

Für $h \neq 0$ gilt

$$f(x_0 + h) - f(x_0) = \frac{f(x_0+h) - f(x_0)}{h} \cdot h$$

und damit, da die folgenden Grenzwerte existieren, einerseits

$$\begin{aligned}\lim_{h\to 0} f(x_0 + h) - f(x_0) &= \lim_{h\to 0} \frac{f(x_0+h) - f(x_0)}{h} \cdot h \\ &= \lim_{h\to 0} \frac{f(x_0+h) - f(x_0)}{h} \cdot \lim_{h\to 0} h \\ &= f'(x_0) \cdot 0 \\ &= 0\end{aligned}$$

und andererseits

$$\begin{aligned}\lim_{h\to 0} f(x_0 + h) - f(x_0) &= \lim_{h\to 0} f(x_0 + h) - f(x_0) \\ &= \lim_{x\to x_0} f(x) - f(x_0),\end{aligned}$$

wobei $x_0 + h = x$ gesetzt wurde ($h \to 0$ ist dann gleichbedeutend mit $x \to x_0$).
Durch Vergleich folgt

$$0 = \lim_{x\to x_0} f(x) - f(x_0)$$

oder

$$\lim_{x\to x_0} f(x) = f(x_0);$$

also ist $f(x)$ in x_0 stetig.

Beweis der zweiten Aussage: 1

Es genügt *ein* Beispiel dafür anzugeben, daß die Umkehrung nicht gilt. Die Funktion

$$f(x) = |x|, \quad x \in \mathbf{R},$$

ist in $x_0 = 0$ stetig, aber nicht differenzierbar.

L₂

3) Es gilt für $x_1 = 0$ und $x_2 = 1$:

$$f(x_1) = 1, \qquad f(x_2) = 1,$$

$$\lim_{h \to 0} f(x_1 + h) = 1, \qquad \lim_{h \to 0} f(x_2 + h) = 1.$$

$f_l'(x_1) = -2, \quad f_r'(x_1) = 0; \quad f_l'(x_2) = 0, \quad f_r'(x_2) = 2.$

$f(x)$ ist in x_1 und x_2 stetig wegen

(1) $\lim_{h \to 0} f(x_i + h) = f(x_i), \quad i = 1, 2,$

aber nicht differenzierbar wegen 1

(2) $f_l'(x_i) \neq f_r'(x_i), \quad i = 1, 2.$

Wenn von den 4 Aussagen in (1) und (2) wenigstens drei richtig sind, dann gilt die Aufgabe als gelöst.

Als Bild der Funktion ergibt sich:

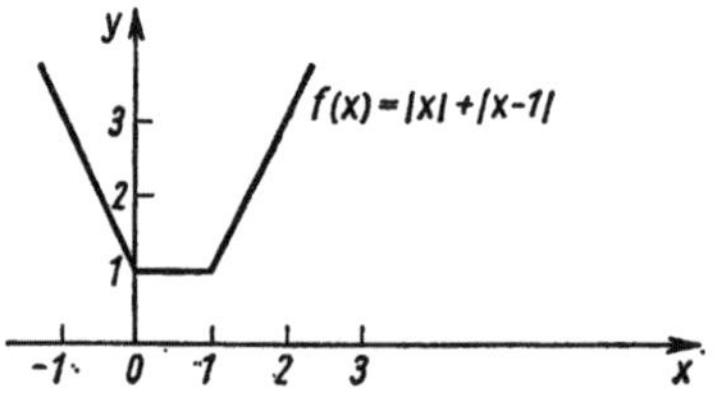

Abb. 16 1

Erreichbare Punktzahl: 6

! Addieren Sie die von Ihnen erreichten Punktzahlen!

Erreichte Punktzahl:
- 5 oder 6 Punkte ⟶ K_3, Seite 93
- weniger als 5 Punkte ⟶ **26**, Seite 62

3. Produktregel

K₃

In den nächsten Lehrabschnitten behandeln wir einige grundlegende Differentiationsregeln. Wir beginnen mit der *Produktregel*.
Überprüfen Sie Ihre Kenntnisse! Verwenden Sie Ihr Arbeitsheft!

Kontrolle K_3

1) Formulieren Sie schriftlich die Aussage über die Ableitung der Funktion $p(x) = f_1(x) \cdot f_2(x)$ („Produktregel").

   Hinweis: Voraussetzung und Behauptung angeben!

2) Differenzieren Sie nach x:

   a) $f(x) = 7(x - a)(x^2 + b^2)$, $x \in \mathbf{R}$,

   b) $f(x) = 2a^x(x + 1)$, $x \in \mathbf{R}$; $a > 0$, $a \neq 1$.

3) Differenzieren Sie nach t:

   a) $f(t) = t \cdot \ln t$, $t > 0$,

   b) $f(t) = \sin t \cdot \cos t$, $t \in \mathbf{R}$.

Hinweise:

1. Die Ableitungen der elementaren Funktionen finden Sie im Anhang, Seite 116.
2. Die Ableitung einer Konstanten und die Ableitung einer Linearkombination von differenzierbaren Funktionen werden als bekannt vorausgesetzt.
   Falls nötig, können Sie hierzu nachlesen in [1], Seite 283; [2], Seite 175 und 184; [3]. Seite 48ff.

Wenn Sie Ihre Rechnungen beendet haben ———→ L_3

L₃

Lösung L_3 | Punkte

1) Sinngemäß:

S.3.1. „Produktregel". Wenn $f_1(x)$ und $f_2(x)$ auf (a, b) differenzierbar sind, dann ist auch das Produkt 1

$$p(x) = f_1(x) \cdot f_2(x)$$

dort differenzierbar, und es gilt für jedes $x_0 \in (a, b)$

$$\boxed{p'(x_0) = f_1'(x_0) \cdot f_2(x_0) + f_1(x_0) \cdot f_2'(x_0).}$$

2) a) $f'(x) = 7 \cdot (3x^2 - 2ax + b^2)$, 1

b) $f'(x) = 2a^x(1 + (x + 1) \cdot \ln a)$. 1

3) a) $f'(t) = \ln t + 1$, 1

b) $f'(t) = \cos^2 t - \sin^2 t$. 1

Erreichbare Punktzahl: 5

! Addieren Sie die von Ihnen erreichten Punktzahlen!

Entscheiden Sie!

a) Ich habe 5 Punkte erreicht und möchte – bevor ich zum nächsten Lehrabschnitt übergehe – noch den Beweis für die „Produktregel" durcharbeiten.
→ 42 bis 47 (Seite 18ff.), dann → K_4

b) Ich habe 5 Punkte erreicht und möchte gleich zum nächsten Lehrabschnitt übergehen.
→ K_4

c) Ich habe weniger als 5 Punkte erreicht.
→ 42, Seite 18

4. Quotientenregel

K$_4$

Wir wiederholen nun die „Quotientenregel". Überprüfen Sie zunächst Ihre Kenntnisse!

Kontrolle K$_4$

1) Formulieren Sie schriftlich die Aussage über die Ableitung der Funktion $q(x) = \frac{f_1(x)}{f_2(x)}$ („Quotientenregel").

   Hinweis: Voraussetzung und Behauptung angeben!

2) Differenzieren Sie folgende Funktionen nach x!

   a) $f(x) = \frac{3x + 5}{4x + 2}$, $x \neq -\frac{1}{2}$,

   b) $f(x) = \frac{x^n}{x^{n-1} - n}$, $x^{n-1} \neq n$, $n \in \mathbf{N}$,

   c) $f(x) = \frac{e^x + x}{e^x - x}$, $x \in \mathbf{R}$..

! Vergleichen Sie! ——→ L$_4$

L₄ Lösung L_4 — Punkte

1) Sinngemäß:

S.4.1. („**Quotientenregel**") Wenn $f_1(x)$ und $f_2(x)$ auf (a, b) differenzierbar sind, dann ist auch der Quotient — 1

$$q(x) = \frac{f_1(x)}{f_2(x)}, \quad f_2(x) \neq 0$$

dort differenzierbar, und es gilt für jedes $x_0 \in (a, b)$ mit $f_2(x_0) \neq 0$

$$\boxed{q'(x_0) = \frac{f_1'(x_0)\,f_2(x_0) - f_1(x_0)\,f_2'(x_0)}{f_2^2(x_0)}}.$$

2) a) $f'(x) = -\dfrac{14}{(4x+2)^2}$, — 1

b) $f'(x) = \dfrac{-n^2x^{n-1} + x^{2n-2}}{(x^{n-1} - n)^2} = \dfrac{x^{n-1}(x^{n-1} - n^2)}{(x^{n-1} - n)^2}$, — 1

c) $f'(x) = \dfrac{-2xe^x + 2e^x}{(e^x - x)^2} = \dfrac{2e^x(1-x)}{(e^x - x)^2}$. — 1

Erreichbare Punktzahl: 4

! Addieren Sie die von Ihnen erreichten Punktzahlen!

Entscheiden Sie:

a) Ich habe 4 Punkte erreicht und möchte — bevor ich zum nächsten Lehrabschnitt übergehe — noch den Beweis für die „Quotientenregel" durcharbeiten.
——▸ **50 bis 53** (Seite 34ff.), dann ——▸ **K_5**

b) Ich habe 4 Punkte erreicht und möchte gleich zum nächsten Lehrabschnitt übergehen.
——▸ **K_5**

c) Ich habe weniger als 4 Punkte erreicht. ——▸ **50**, Seite 34

5. Kettenregel

K5

In diesem Lehrabschnitt wollen wir erläutern, was unter einer zusammengesetzten Funktion zu verstehen ist und wie diese differenziert wird. Die folgenden Fragen und Aufgaben dienen Ihnen zur Selbstkontrolle.

Kontrolle K_5

1) Was versteht man unter einer zusammengesetzten Funktion?

2) Stellen Sie die folgenden Funktionen als zusammengesetzte Funktionen dar!

   a) $f(x) = 2 \sin x, \quad x \in \mathsf{R}$,

   b) $f(x) = \sin 2x, \quad x \in \mathsf{R}$,

   c) $f(x) = \sin^2 x, \quad x \in \mathsf{R}$,

   d) $f(x) = \sin (x(x^2 + 1)), x \in \mathsf{R}$,

   e) $f(x) = \sqrt{a^2 + b^2 - 2ab \cdot \cos x}, \quad x \in \mathsf{R}$,

   f) $f(x) = \ln \cot x, \quad x \neq n\pi, n \in \mathsf{G}$.

3) Bestimmen Sie mit Hilfe der Kettenregel die erste Ableitung der folgenden Funktionen:

   a) $F(x) = f(g(x)), \quad x \in M_x$ (M_x Definitionsbereich von $g(x)$),

   b) $f(x) = \sqrt{1 - x^2}, \quad x \in (-1, 1)$,

   c) $f(x) = \dfrac{\sqrt{2x - 1}}{x}, \quad x \in \left(\dfrac{1}{2}, \infty\right)$,

   d) $f(x) = \sin^2 x^3, \quad x \in \mathsf{R}$ (Ergebnis vereinfachen!),

   e) $f(x) = \arctan \dfrac{e^x - e^{-x}}{2}, \quad x \in \mathsf{R}$ (Ergebnis vereinfachen!).

Hinweis: Die Ableitungen der elementaren Funktionen finden Sie im Anhang, Seite 116.

! Vergleichen Sie Ihre Lösungen mit ⟶ L

Lösung L_5 **Punkte**

1) Sinngemäß:

D.5.1. Es seien $f(z)$ eine Funktion mit dem Definitionsbereich M_z und $z = g(x)$ eine Funktion mit dem Definitionsbereich M_x und dem Wertevorrat $N_y \subseteq M_z$. Dann heißt die Funktion

$$\boxed{F(x) = f(g(x)),\ x \in M_x}$$ 1

zusammengesetzte Funktion, $f(z)$ heißt äußere Funktion, $g(x)$ heißt innere Funktion.

2) a) $z = g(x) = \sin x,\ f(z) = 2z.$ 1

b) $z = g(x) = 2x,\ f(z) = \sin z.$ 1

c) $z = g(x) = \sin x,\ f(z) = z^2.$ 1

d) $z = g(x) = x(x^2 + 1),\ f(z) = \sin z.$ 1

e) $z_1 = g_1(x) = a^2 + b^2 - 2ab \cdot \cos x,\ f_1(z) = \sqrt{z_1}$ 1

oder

$z_2 = g_2(x) = \cos x,\ f_2(z) = \sqrt{a^2 + b^2 - 2ab \cdot z_2}.$

f) $z = g(x) = \cot x,\ f(z) = \ln z.$ 1

3) a) $F'(x) = f'(z) \cdot g'(x)$ mit $z = g(x)$. 1

b) $f'(x) = \dfrac{-x}{\sqrt{1-x^2}}.$ 1

c) $f'(x) = \dfrac{1-x}{x^2\sqrt{2x-1}}$ (Anwendung der Quotientenregel und Kettenregel). 1

d) $f'(x) = 6x^2 \sin x^3 \cdot \cos x^3$ oder $f'(x) = 3x^2 \sin 2x^3.$ 1

e) $f'(x) = \dfrac{1}{1 + \left(\dfrac{e^x - e^{-x}}{2}\right)^2} \cdot \dfrac{e^x + e^{-x}}{2},$ 1

vereinfacht

$$f'(x) = \frac{2}{e^x + e^{-x}} = \cosh^{-1} x.$$

Erreichbare Punktzahl: 12

! Addieren Sie die von Ihnen erreichten Punktzahlen! Entscheiden Sie!

a) Ich habe mindestens 10 Punkte erreicht und möchte – bevor ich zum nächsten Lehrabschnitt übergehe – mehrfach zusammengesetzte Funktionen betrachten.

——→ 61 bis 65 (Seite 56 ff.), dann ——→ K_6

b) Ich habe mindestens 10 Punkte erreicht und möchte sofort zum nächsten Lehrabschnitt übergehen.

——→ K_6

c) Ich habe weniger als 10 Punkte erreicht.

——→ 56, Seite 46

6. Ableitung und Umkehrfunktion

K₆

Nachdem in den vorangegangenen Lehrabschnitten die Ableitung eines Produktes und eines Quotienten von Funktionen sowie die von zusammengesetzten Funktionen behandelt wurde, wenden wir uns nun der Ableitung der Umkehrfunktion zu.
Überprüfen Sie anhand der folgenden Aufgaben Ihre Kenntnisse!

Kontrolle K_6

1) Gegeben sei die Funktion $y = f(x)$ mit dem Definitionsbereich M_x und dem Wertevorrat M_y. Unter welchen Voraussetzungen existiert die Umkehrfunktion $f^{-1}(y)$ dieser Funktion, und wie lautet ihr Definitionsbereich?

2) Nennen Sie eine hinreichende Bedingung für die Existenz der Umkehrfunktion einer stetigen Funktion $f(x)$, $x \in [a, b]$! Wie lautet der Definitionsbereich der Umkehrfunktion (im Falle ihrer Existenz)?

3) Die Funktion $y = f(x)$, $x \in [a, b]$, besitze die Umkehrfunktion $f^{-1}(y)$. Nennen Sie eine hinreichende Bedingung für die Stetigkeit von $f^{-1}(y)$!

4) Die Funktion $y = f(x)$, $x \in [a, b]$, besitze die Umkehrfunktion $f^{-1}(y)$. Nennen Sie eine hinreichende Bedingung für die Differenzierbarkeit von $f^{-1}(y)$, und geben Sie die Formel für die Ableitung der Umkehrfunktion an!

5) Bilden Sie die Umkehrfunktion der Funktionen
   a) $f(x) = \sqrt{x + 1}$, $\quad x \in [-1, 1]$,
   b) $f(x) = e^{2x}$, $\quad x \in \mathbb{R}$.

6) Bilden Sie die Ableitung der Umkehrfunktionen der unter 5) angegebenen Funktionen.

! Vergleichen Sie Ihre Lösungen mit ——▶ L_6

L_6

Lösung L_6 **Punkte**

1) Sinngemäß: 1

Durch $f(x)$, $x \in M_x$, mit dem Wertevorrat M_y erfolgt eine Abbildung von M_x auf M_y. Ist diese Abbildung $f\colon M_x \to M_y$ eineindeutig, so kann auf M_y eine Funktion erklärt werden, die Umkehrfunktion oder inverse Funktion von $f(x)$ genannt und mit $f^{-1}(y)$, $y \in M_y$, bezeichnet wird.

2) Sinngemäß: 1

Jede auf dem Intervall $[a, b]$ streng monotone und stetige Funktion $f(x)$ besitzt eine Umkehrfunktion $f^{-1}(y)$; diese ist für streng zunehmendes $f(x)$ auf $[f(a), f(b)]$ erklärt und streng zunehmend bzw. für streng abnehmendes $f(x)$ auf $[f(b), f(a)]$ erklärt und streng abnehmend.

3) Sinngemäß: 1

Wenn $f(x)$ auf $[a, b]$ stetig ist, so ist auch $f^{-1}(y)$ auf $[f(a), f(b)]$ bzw. $[f(b), f(a)]$ stetig.

4) Sinngemäß: 1

Wenn $f(x)$ auf (a, b) differenzierbar ist, so ist für jedes $x_0 \in (a, b)$ mit $f'(x_0) \neq 0$ die inverse Funktion $f^{-1}(y)$ an der x_0 entsprechenden Stelle $y_0 = f(x_0)$ ebenfalls differenzierbar, und es gilt:

$$\frac{\mathrm{d}f^{-1}(y_0)}{\mathrm{d}y} = \frac{1}{f'(x_0)}\,.$$

L_6

5) a) $f(x) = \sqrt{x+1}$ ist auf $[-1, 1]$ streng zunehmend und hat dort den Wertevorrat $M_y = [0, \sqrt{2}]$. Daher gilt:

$$f^{-1}(y) = y^2 - 1,\ y \in [0, \sqrt{2}].$$ 1

b) $f(x) = e^{2x}$, $x \in R$, ist streng zunehmend mit dem Wertevorrat $M_y = (0, \infty)$.
Daher gilt:

$$f^{-1}(y) = \frac{1}{2} \ln y = \ln \sqrt{y},\ y \in (0, \infty).$$ 1

6) a) $$\frac{df^{-1}(y)}{dy} = \frac{1}{f'(x)} = \frac{1}{\frac{1}{2 \cdot \sqrt{x+1}}} = 2 \cdot \sqrt{x+1} = 2y,\ y \in (0, \sqrt{2})$$ 1

($f(x) = \sqrt{x+1}$ ist auf $(-1, 1)$ differenzierbar, und es gilt dort $f'(x) \neq 0$; daher ist $f^{-1}(y)$ auf $(0, \sqrt{2})$ differenzierbar.)

b) $$\frac{df^{-1}(y)}{dy} = \frac{1}{f'(x)} = \frac{1}{2e^{2x}} = \frac{1}{2y},\quad y \in (0, \infty)$$ 1

($f(x) = e^{2x}$ ist überall differenzierbar mit $f'(x) \neq 0$; daher ist $f^{-1}(y)$ auf $(0, \infty)$ differenzierbar.)

Erreichbare Punktzahl: 8

! Addieren Sie die von Ihnen erreichten Punktzahlen!

L_6 ! Entscheiden Sie!

a) Ich habe mindestens 5 Punkte erreicht. ——▶ K_7

b) Ich habe weniger als 5 Punkte erreicht, kenne den Begriff und gewisse Eigenschaften der Umkehrfunktion, kann aber Umkehrfunktionen nicht differenzieren. ——▶ 88, Seite 35

c) Ich habe weniger als 5 Punkte erreicht und kenne den Begriff der Umkehrfunktion ungenügend.

Informieren Sie sich in der Literatur:

[1], Seite 106–108 und 147,
[2], Seite 93–95 und 155–157,
[3], Seite 38 und 52–53.

Anschließend ——▶ 77, Seite 13

7. Höhere Ableitungen

K_7

Dieser Lehrabschnitt befaßt sich mit höheren Ableitungen einer Funktion $f(x)$ und insbesondere mit den höheren Ableitungen elementarer Funktionen. Mit den nachfolgenden Fragen und Aufgaben sollen Ihre Kenntnisse auf diesem Gebiet überprüft werden.

Kontrolle K_7

1) Die n-te Ableitung ($n \geqq 2$) der Funktion $f(x)$ ist rekursiv zu definieren, d. h. unter Verwendung der als existierend vorausgesetzten $(n-1)$-ten Ableitung von $f(x)$!

2) Bilden Sie die ersten vier Ableitungen folgender Funktionen!

   a) $f(x) = \cos x, \quad x \in \mathbf{R}$,

   b) $f(x) = x^4 + 3x^3 + x, \quad x \in \mathbf{R}$,

   c) $f(x) = x\sqrt{x}, \quad x > 0$,

   d) $f(x) = e^{cx}, \quad x \in \mathbf{R}, c > 0$.

Hinweis: Die höheren Ableitungen einiger elementarer Funktionen finden Sie im Anhang, Seite 116.

! Vergleichen Sie Ihre Lösungen mit ——→ L_7

L7

Lösung L7 Punkte

1) $f^{(n)}(x) = [f^{(n-1)}(x)]' = \dfrac{df^{(n-1)}(x)}{dx}$

$$= \lim_{h\to 0} \frac{f^{(n-1)}(x+h) - f^{(n-1)}(x)}{h}, \quad n \geqq 2,$$ 1

falls dieser Grenzwert existiert. (Sie erhalten einen Punkt, wenn Sie einen der angeführten Ausdrücke gefunden haben.)
Zusammenfassend geben wir die Definition:

D.7.1. Gegeben sei die Funktion $f(x)$, $x \in (a, b)$.

1. Die Ableitung erster Ordnung von $f(x)$ wird erklärt durch
$$f'(x) = \lim_{h\to 0} \frac{f(x+h) - f(x)}{h}.$$

2. Die Ableitung n-ter Ordnung von $f(x)$ wird erklärt durch
$f^{(n)}(x) = [f^{(n-1)}(x)]'$, $x \in (a, b)$, $n \geqq 2$, $n \in \mathbf{G}$.

3. Die Ableitung 0-ter Ordnung von $f(x)$ wird erklärt durch
$f^{(0)}(x) \equiv f(x)$, $x \in (a, b)$.

2) a)
$$\begin{aligned} f'(x) &= -\sin x,\\ f''(x) &= -\cos x,\\ f'''(x) &= \sin x,\\ f^{(4)}(x) &= \cos x. \end{aligned}$$ 1

b)
$$\begin{aligned} f'(x) &= 4x^3 + 9x^2 + 1,\\ f''(x) &= 12x^2 + 18x,\\ f'''(x) &= 24x + 18,\\ f^{(4)}(x) &= 24. \end{aligned}$$ 1

c)
$$\begin{aligned} f'(x) &= \frac{3}{2}x^{\frac{1}{2}} = \frac{3\sqrt{x}}{2},\\ f''(x) &= \frac{3}{4}x^{-\frac{1}{2}} = \frac{3}{4\sqrt{x}},\\ f'''(x) &= \frac{-3}{8}x^{-\frac{3}{2}} = -\frac{3}{8x\sqrt{x}},\\ f^{(4)}(x) &= \frac{9}{16}x^{-\frac{5}{2}} = \frac{9}{16x^2\sqrt{x}}. \end{aligned}$$ 1

d)
$$\begin{aligned} f'(x) &= ce^{cx},\\ f''(x) &= c^2e^{cx},\\ f'''(x) &= c^3e^{cx},\\ f^{(4)}(x) &= c^4e^{cx}. \end{aligned}$$ 1

Erreichbare Punktzahl: 5

! Addieren Sie die von Ihnen erreichten Punktzahlen!
Entscheiden Sie:

Erreichte Punktzahl:
4 oder 5 Punkte ——→ 107, Seite 73
weniger als 4 Punkte ——→ 97, Seite 53

9. Mittelwertsätze der Differentialrechnung

K_9 *)

In diesem Lehrabschnitt wollen wir zwei grundlegende Sätze, den Satz von Rolle und den Mittelwertsatz der Differentialrechnung, beweisen und letzteren auch anwenden. Die folgende Kontrolle zeigt Ihnen, ob Sie diesen Lehrabschnitt durcharbeiten müssen oder nicht.

Kontrolle K_9

1) a) Formulieren Sie den Satz von Rolle!

   b) Mit Hilfe einer Skizze ist die Aussage des Satzes geometrisch zu interpretieren.

2) a) Formulieren Sie den Mittelwertsatz der Differentialrechnung (Satz von Lagrange)!

   b) Mit Hilfe einer Skizze ist die Aussage des Satzes geometrisch zu interpretieren.

3) Schätzen Sie unter Anwendung des Mittelwertsatzes für die Funktion $f(x) = \ln \cos x,\ x \in \left(-\frac{\pi}{2}, \frac{\pi}{2}\right)$, den Funktionswert an der Stelle $x_0 + h = 0{,}01$ ab, und zwar mit Hilfe des Funktionswertes an der Stelle $x_0 = 0$.

4) Zeichnen Sie das Bild der Funktion

$$f(x) = \begin{cases} |x| & \text{für } |x| \leqq 1, \\ 1 & \text{für } |x| > 1! \end{cases}$$

Zeigen Sie, daß es auf dem Kurvenstück zwischen den Punkten $O\,(0, 0)$ und $B\,(3, 1)$ keinen Punkt gibt, in dem die Tangente parallel zur Sehne $\overline{OB}$ verläuft.

! Vergleichen Sie Ihre Ergebnisse mit ——→ L_9

*) K_8 entfällt, da die Behandlung des Differentials im Lehrplan für Mathematik der Erweiterten Oberschule nicht vorgesehen ist.

L₉ Lösung L_9 Punkte

1) Sinngemäß:

a) Satz von Rolle: 1

$$\left.\begin{array}{l} f(x) \text{ stetig auf } [a, b], \\ f(x) \text{ differenzierbar auf } (a, b), \\ f(a) = f(b), \end{array}\right\} \Rightarrow \left\{\begin{array}{l} \exists\, \xi \in (a, b) \\ \text{mit} \\ f'(\xi) = 0. \end{array}\right.$$

b) Geometrische Interpretation:

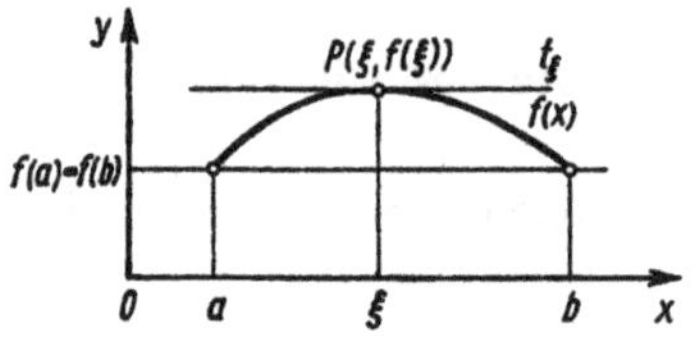

Abb. 25

Es existiert mindestens eine Stelle $\xi \in (a, b)$, so daß der Anstieg der Tangente t_ξ im Punkte $(\xi, f(\xi))$ des Bildes von $f(x)$ gleich Null ist. 1

2) Sinngemäß:

a) Mittelwertsatz der Differentialrechnung (Satz von Lagrange): 1

$$\left.\begin{array}{l} f(x) \text{ stetig auf } [a, b], \\ f(x) \text{ differenzierbar auf } (a, b), \end{array}\right\} \Rightarrow \left\{\begin{array}{l} \exists\, \xi \in (a, b) \text{ mit} \\ f'(\xi) = \dfrac{f(b) - f(a)}{b - a}. \end{array}\right.$$

In anderer Schreibweise:

$$\left.\begin{array}{l} f(x) \text{ stetig auf } [x_0, x_0 + h], \\ f(x) \text{differenzierbar auf } (x_0, x_0 + h), \end{array}\right\} \Rightarrow \left\{\begin{array}{l} \exists\, \vartheta \in (0, 1) \text{ mit} \\ f(x_0 + h) = f(x_0) + hf'(x_0 + \vartheta h). \end{array}\right.$$

b) Geometrische Interpretation:

L9

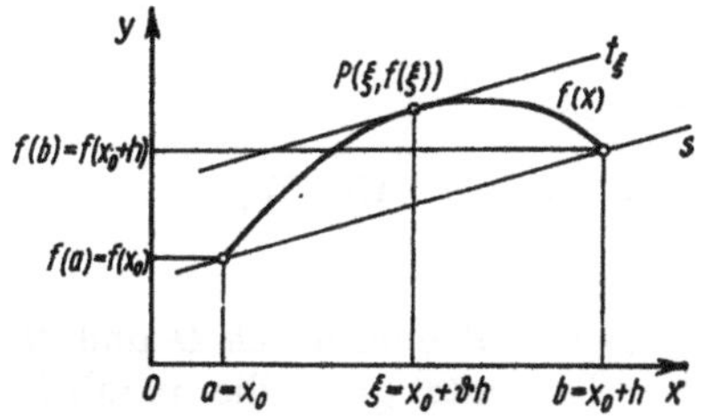

Abb. 26

Es existiert mindestens eine Stelle $\xi \in (a, b)$, so daß die Tangente t_ξ im Punkte $(\xi, f(\xi))$ des Bildes von $f(x)$ parallel ist zur Sekante s durch die Punkte $(a, f(a))$ und $(b, f(b))$. 1

3) Es ist

$$f(x) = \ln \cos x,\ x \in \left(-\frac{\pi}{2}, \frac{\pi}{2}\right);\ f'(x) = -\tan x.$$

Für $x_0 = 0$ und $h = 10^{-2}$ wird

$$f(x_0) = 0;\ f(x_0 + h) = \ln \cos 0{,}01.$$

Anwendung des Mittelwertsatzes ergibt

$$\ln \cos 0{,}01 = 0 - 0{,}01 \cdot \tan(0{,}01\vartheta),\ \vartheta \in (0, 1).$$

Setzt man an Stelle von ϑ die Werte 0 und 1 ein, so ergibt sich wegen der strengen Monotonie von $\tan(0{,}01\vartheta)$

$$0 > \ln \cos 0{,}01 > -0{,}01 \cdot \tan(0{,}01).$$

Für hinreichend kleine positive x gilt

$$\tan x < 2x,$$

somit ist

$$\tan 0{,}01 < 2 \cdot 0{,}01,$$
$$-\tan 0{,}01 > -2 \cdot 0{,}01.$$

Damit hat man

$$0 > \ln \cos 0{,}01 > -2 \cdot 0{,}01 \cdot 0{,}01 = -2 \cdot 10^{-4}$$

oder

$$-2 \cdot 10^{-4} < \ln \cos 0{,}01 < 0.$$ 1

L9

4) Bild der Funktion 1

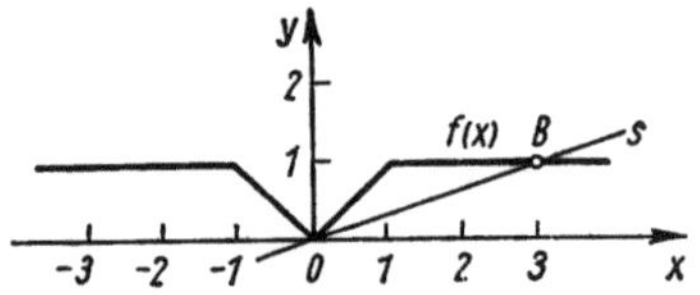

Abb. 27

Abb. 27 zeigt unmittelbar, daß es auf dem durch O und B begrenzten Kurvenstück keine Tangente gibt, die parallel zur Sekante s ist.
Unabhängig von der Anschauung ergibt sich, daß die gegebene Funktion $f(x)$ auf dem Intervall $[0, 1]$ den konstanten Anstieg 1 und auf dem Intervall $[1, 3]$ den konstanten Anstieg 0 hat. Der 1
Anstieg von s ist hingegen $\frac{1}{3}$. Eine Voraussetzung des Mittelwertsatzes ist nicht erfüllt, da $f(x)$ in $x_0 = 1$ keine Ableitung besitzt.

Erreichbare Punktzahl: 7

! Addieren Sie die von Ihnen erreichten Punktzahlen!
Entscheiden Sie:

a) Ich habe mindestens 6 Punkte erreicht und möchte noch den Beweis des Satzes von Rolle und den des Mittelwertsatzes durcharbeiten.

——► **130** bis **142** (Seite 45 ff.), dann ——► **Ü 134**, Seite 141

b) Ich habe mindestens 6 Punkte erreicht und möchte noch Übungsaufgaben zu diesem Problem lösen.

——► **Ü 134**, Seite 141

c) Ich habe weniger als 6 Punkte erreicht.

——► **124**, Seite 33

Zusammenfassung

1. Begriff der Ableitung

Z₁

D.1.1. **Ableitung einer Funktion:**

$f(x)$ sei auf $U(x_0)$ definiert. Als Ableitung von $f(x)$ an der Stelle x_0 bezeichnet man den Grenzwert

$$f'(x_0) = \lim_{h \to 0} \frac{f(x_0 + h) - f(x_0)}{h},$$

falls er existiert.
$f(x)$ heißt dann differenzierbar an der Stelle x_0.

Geometrische Interpretation:

Für $h \to 0$ nähert sich der Punkt P auf der Kurve K unbegrenzt dem festen Punkt P_0, dabei dreht sich die Sekante s um P_0 und besitzt – falls $f'(x_0)$ existiert – eine wohlbestimmte Grenzlage t, die als Tangente an K in P_0 bezeichnet wird.

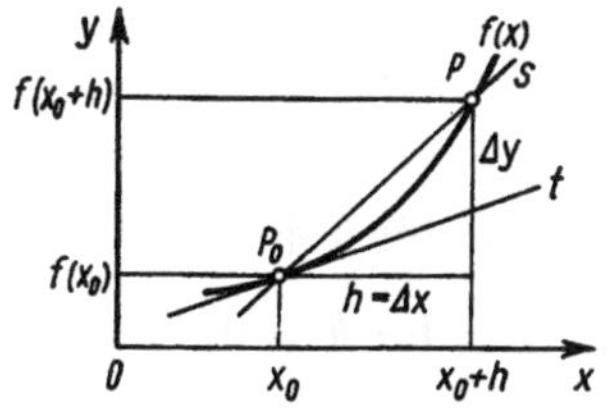

Abb. 11

D.1.2. **Einseitige Ableitung einer Funktion:**

$f(x)$ sei auf $U_r(x_0)$ definiert. Als rechtsseitige Ableitung von $f(x)$ an der Stelle x_0 bezeichnet man den rechtsseitigen Grenzwert

$$f_r'(x_0) = \lim_{h \to +0} \frac{f(x_0 + h) - f(x_0)}{h},$$

falls er existiert.
Entsprechend wird die linksseitige Ableitung von $f(x)$ an der Stelle x_0 erklärt:

$$f_l'(x_0) = \lim_{h \to -0} \frac{f(x_0 + h) - f(x_0)}{h}.$$

Bitte umblättern!

Notwendige und hinreichende Bedingungen für die Existenz der Ableitung

Die auf $U(x_0)$ definierte Funktion $f(x)$ besitzt in x_0 dann und nur dann die Ableitung $f'(x_0)$, wenn eine der folgenden Bedingungen erfüllt ist:

S.1.1. Es existierten $f_r'(x_0)$ und $f_l'(x_0)$ mit

$$f_r'(x_0) = f_l'(x_0) = f'(x_0).$$

S.1.2. (Vgl. 19, Seite 48; fakultative Lehreinheit)
Zu jedem $\varepsilon > 0$ existiert ein $\delta = \delta(\varepsilon) > 0$ mit

$$\left|\frac{f(x_0+h)-f(x_0)}{h} - f'(x_0)\right| < \varepsilon \text{ für jedes } h \text{ mit } 0 < |h| < \delta.$$

S.1.3. Der Funktionszuwachs $\Delta y = f(x_0+h) - f(x_0)$ läßt sich in der Form darstellen

$$\Delta y = hf'(x_0) + hz(x_0; h) \text{ mit } \lim_{h\to 0} z(x_0; h) = 0,$$

$$z(x_0;h) = \begin{cases} \dfrac{f(x_0+h)-f(x_0)}{h} - f'(x_0) & \text{für } h \neq 0, \\ 0 & \text{für } h = 0. \end{cases}$$

(Weierstraßsche Zerlegungsformel)

→ K_2, Seite 89

Z_2 2. Stetigkeit und Differenzierbarkeit

Zusammenhang zwischen Stetigkeit und Differenzierbarkeit:

S.2.1. $f(x)$ in x_0 differenzierbar $\Rightarrow$ $f(x)$ in x_0 stetig.
(Bemerkung: Diese Implikation ist nicht umkehrbar.)

→ K_3, Seite 93

Z_{3-5}

3.-5. Differentiationsregeln

	Funktion f	Ableitung f'
Linearkombination	$c_1f_1 + c_2f_2$	$c_1f_1' + c_2f_2'$
Produktregel	$f_1 \cdot f_2$	$f_1' \cdot f_2 + f_1f_2'$
Quotientenregel	$\frac{f_1}{f_2}$	$\frac{f_1' \cdot f_2 - f_1' \cdot f_2'}{f_2^2}$
Kettenregel	$f(z)$ mit $z = g(x)$	$f'(z) \cdot g'(x)$

→ K_6, Seite 99

Z_6

6. Ableitung der Umkehrfunktion

S.6.1. Die Funktion $f(x)$ sei auf $[a, b]$ streng monoton und auf (a, b) differenzierbar. Dann ist für jedes $x_0 \in (a, b)$ mit $f'(x_0) \neq 0$ die inverse Funktion

$$f^{-1}(y), \quad y \in [f(a), f(b)] \text{ (bzw. } y \in [f(b), f(a)])$$

an der x_0 entsprechenden Stelle $y_0 = f(x_0)$ ebenfalls differenzierbar, und es gilt

$$\frac{df^{-1}(y_0)}{dy} = \frac{1}{f'(x_0)}.$$

Bitte umblättern!

Z₆

Geometrische Interpretation:

Die Bildkurven der Funktion $y = f(x)$ und der inversen Funktion $x = f^{-1}(y)$ und damit auch ihre Tangenten fallen zusammen.
Für die Anstiege $\tan \alpha_t$ und $\tan \beta_0$ der Kurven im Punkte P_0 gilt im Falle $\alpha_t \neq 0$ (bzw. $f'(x_0) \neq 0$) wegen $\alpha_t + \beta_0 = \frac{\pi}{2}$

$$\tan \alpha_t \cdot \tan \beta_0 = 1$$

oder auch

$$\frac{df(x_0)}{dx} \cdot \frac{df^{-1}(y_0)}{dy} = 1.$$

→ K_7, Seite 103

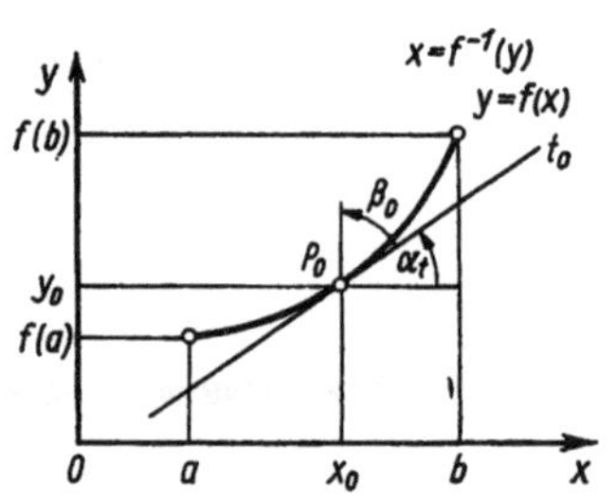

Abb. 22

Z₇

7. Höhere Ableitungen

D.7.1. Für $f(x)$, $x \in (a, b)$, ist die Ableitung erster Ordnung erklärt durch

$$f'(x) = \lim_{h \to 0} \frac{f(x+h) - f(x)}{h}, \quad x \in (a,b).$$

Die Ableitung n-ter Ordnung (oder n-te Ableitung) wird rekursiv definiert durch

$$f^{(n)}(x) = [f^{(n-1)}(x)]' = \lim_{h \to 0} \frac{f^{(n-1)}(x+h) - f^{(n-1)}(x)}{h},$$

$x \in (a, b)$, $n \geqq 2$, $n \in \mathbf{G}$.

Unter der Ableitung 0-ter Ordnung $f^{(0)}(x)$ versteht man die Funktion $f(x)$ selbst.

→ 107, Seite 73

8. Das Differential

D.8.1. Ist die Funktion $y = f(x)$, $x \in U(x_0)$, an der Stelle x_0 differenzierbar, so nennt man

$$\mathrm{d}y = f'(x_0) \cdot h = f'(x_0) \cdot \mathrm{d}x$$

das zur Stelle x_0 und zum (willkürlichen) Argumentzuwachs $h = \mathrm{d}x$ gehörende Differential dieser Funktion.

Geometrische Interpretation:

Das Differential $\mathrm{d}y$ ist der Zuwachs der Tangentenordinate für den Argumentzuwachs $\mathrm{d}x = h$.

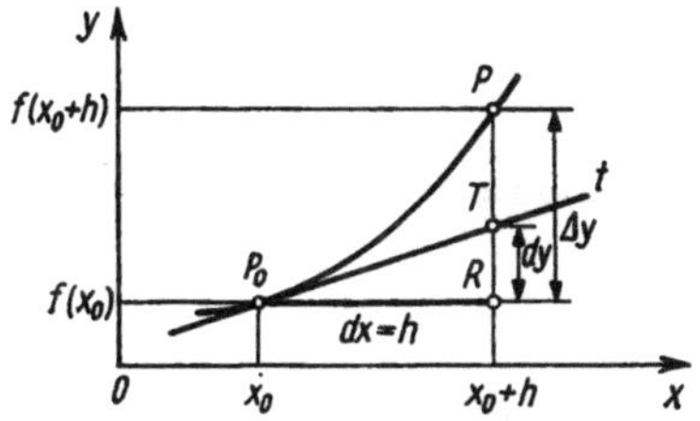

Abb. 24

Z8

→ K_9, Seite 105

9. Mittelwertsätze

Z9

S.9.1. Satz von Rolle:

$$\left.\begin{array}{l} f(x) \text{ stetig auf } [a, b], \\ f(x) \text{ differenzierbar auf } (a, b), \\ f(a) = f(b) \end{array}\right\} \Rightarrow \left\{\begin{array}{l} \exists\, \xi \in (a, b) \\ \text{mit} \\ f'(\xi) = 0. \end{array}\right.$$

Geometrische Interpretation:

Es existiert mindestens eine Stelle $\xi \in (a, b)$, für die die Tangente t_ξ durch $(\xi, f(\xi))$ parallel zur x-Achse verläuft.

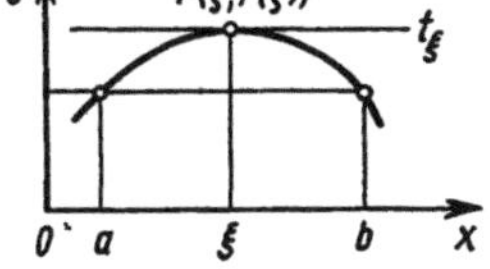

Abb. 37

Bitte umblättern!

Z9 *Beweisgedanke:*

Fall 1: $f(x) = \text{const}$ auf $[a, b]$.
Dann gilt $f'(x) = 0$ für jedes $x \in (a, b)$, d.h., ξ kann auf (a, b) beliebig gewählt werden.

Fall 2: Es gibt ein $x \in (a, b)$ mit $f(x) > f(a)$.
Da $f(x)$ auf $[a, b]$ stetig ist, existiert dort ein größter Funktionswert $G = f(x_G)$, wobei gilt $x_G \in (a, b)$, $f(x_G) > f(a)$.

Man findet

$$f_r'(x_G) = \lim_{h \to 0} \frac{f(x_G + h) - f(x_G)}{h} \leqq 0,$$

$$f_l'(x_G) = \lim_{h \to 0} \frac{f(x_G + h) - f(x_G)}{h} \geqq 0$$

und damit wegen der vorausgesetzten Differenzierbarkeit von $f(x)$ in x_G:

$$f'(x_G) = 0.$$

Fall 3: Es gibt ein $x \in (a, b)$ mit $f(x) < f(a)$.
Behandlung analog zu Fall 2. Für den kleinsten Funktionswert $g = f(x_g)$ von $f(x)$ auf $[a, b]$ gilt:
$x_g \in (a, b)$, $f(x_g) < f(a)$,
$f'(x_g) = 0$.

→ **136**, Seite 57

S.9.2. Mittelwertsatz:

$$\left.\begin{array}{l} f(x) \text{ stetig auf } [a, b], \\ f(x) \text{ differenzierbar auf } (a, b), \end{array}\right\} \Rightarrow \left\{\begin{array}{l} \exists\, \xi \in (a, b) \text{ mit} \\ f'(\xi) = \dfrac{f(b) - f(a)}{b - a}. \end{array}\right.$$

Geometrische Interpretation:

Es existiert mindestens eine Stelle $\xi \in (a, b)$, für die die Tangente t_ξ durch $(\xi, f(\xi))$ parallel zur Sekante s durch $(a, f(a))$ und $(b, f(b))$ verläuft.

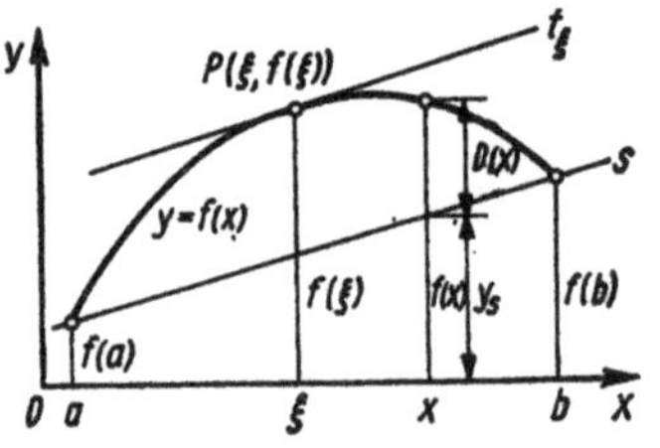

Abb. 41

Beweisgedanke:

Z₉

1) Einführung einer auf $[a, b]$ stetigen Hilfsfunktion $D(x)$, die die Voraussetzungen des Satzes von Rolle erfüllt:

$$D(x) = f(x) - y_s \quad \text{(vgl. Abb. 41)}$$

mit

$$y_s = f(a) + \frac{f(b) - f(a)}{b - a} \cdot (x - a).$$

2) Es gilt:

$$D'(x) = f'(x) - \frac{f(b) - f(a)}{b - a}, \; x \in (a, b),$$

$$D(a) = D(b) = 0.$$

3) Nach dem Satz von Rolle existiert ein $\xi \in (a, b)$ mit

$$D'(\xi) = 0.$$

4) Demzufolge gilt:

$$0 = f'(\xi) - \frac{f(b) - f(a)}{b - a}.$$

→ 145, Seite 75

S.9.3. Verallgemeinerter Mittelwertsatz:

(Vgl. 148, Seite 81; fakultative Lehreinheit)

$$\left.\begin{array}{l} f(x), g(x) \text{ stetig auf } [a, b], \\ f(x), g(x) \text{ differenzierbar auf } (a, b), \\ g'(x) \neq 0 \text{ auf } (a, b) \end{array}\right\} \Rightarrow \left\{\begin{array}{l} \mathsf{E}\, \xi \in (a, b) \\ \text{mit} \\ \dfrac{f'(\xi)}{g'(\xi)} = \dfrac{f(b) - f(a)}{g(b) - g(a)}. \end{array}\right.$$

→ Ü162, Seite 197

Anhang: Ableitungen elementarer Funktionen

Funktion f		Ableitung f'	
$c =$ const.	$x \in \mathsf{R}$	0	
x^α	$x \in (0, \infty)$, α reell	$\alpha x^{\alpha-1}$	$x \in (0, \infty)$
$\sin x$	$x \in \mathsf{R}$	$\cos x$	
$\cos x$	$x \in \mathsf{R}$	$-\sin x$	
$\tan x$	$x \neq (2n+1)\frac{\pi}{2}$, $n \in \mathsf{G}$	$1 + \tan^2 x = \frac{1}{\cos^2 x}$, $x \neq (2n+1)\frac{\pi}{2}$, $n \in \mathsf{G}$	
$\cot x$	$x \neq n\pi$, $n \in \mathsf{G}$	$-\frac{1}{\sin^2 x}$	$x \neq n\pi$, $n \in \mathsf{G}$
$\arcsin x$	$x \in [-1, 1]$	$\frac{1}{\sqrt{1-x^2}}$	$x \in (-1, 1)$
$\arccos x$	$x \in [-1, 1]$	$-\frac{1}{\sqrt{1-x^2}}$	$x \in (-1, 1)$
$\arctan x$	$x \in \mathsf{R}$	$\frac{1}{1+x^2}$	$x \in \mathsf{R}$
$\operatorname{arccot} x$	$x \in \mathsf{R}$	$-\frac{1}{1+x^2}$	$x \in \mathsf{R}$
e^x	$x \in \mathsf{R}$	e^x	$x \in \mathsf{R}$
a^x	$x \in \mathsf{R}$, $a > 0$, $a \neq 1$	$a^x \ln a$	
$\ln x$	$x \in (0, \infty)$	$\frac{1}{x}$	$x \in (0, \infty)$
$\log_a x$	$x \in (0, \infty)$, $a > 0$, $a \neq 1$	$\frac{1}{x \ln a} = \frac{1}{x} \log_a e$	$x \in (0, \infty)$
$\sinh x$	$x \in \mathsf{R}$	$\cosh x$	
$\cosh x$	$x \in \mathsf{R}$	$\sinh x$	
$\tanh x$	$x \in \mathsf{R}$	$\frac{1}{\cosh^2 x}$	
$\coth x$	$x \neq 0$	$-\frac{1}{\sinh^2 x}$	$x \neq 0$

Funktion f		Ableitung n-ter Ordnung $f^{(n)}$	
x^n	$x \in \mathsf{R}$, $n \in \mathsf{N}$	$n!$	
a^x	$x \in \mathsf{R}$, $a > 0$, $a \neq 1$	$a^x (\ln a)^n$	$x \in \mathsf{R}$
e^x	$x \in \mathsf{R}$	e^x	$x \in \mathsf{R}$
$\log_a x$	$x \in (0, \infty)$, $a > 0$, $a \neq 1$	$(-1)^{n-1} \frac{(n-1)!}{\ln a} \frac{1}{x^n}$	$x \in (0, \infty)$
$\sin x$	$x \in \mathsf{R}$	$\begin{cases} (-1)^k \sin x & \text{für } n = 2k, \\ (-1)^k \cos x & \text{für } n = 2k+1 \end{cases}$ ($k \geqq 0$, ganz, $x \in \mathsf{R}$)	
$\cos x$	$x \in \mathsf{R}$	$\begin{cases} (-1)^k \cos x & \text{für } n = 2k, \\ (-1)^{k+1} \sin x & \text{für } n = 2k+1 \end{cases}$ ($k \geqq 0$, ganz, $x \in \mathsf{R}$)	

Übungsprogramm

Ü I

1. Begriff der Ableitung

Aufgabe:

Bestimmen Sie für die Funktion

$$f(x) = \sin x, \quad x \in \mathbb{R},$$

die erste Ableitung an einer beliebigen, aber festen Stelle x_0 durch Berechnung des Grenzwertes $\lim\limits_{\Delta x \to 0} \frac{\Delta y}{\Delta x}$!

! Entscheiden Sie!

Ich möchte diese Aufgabe selbständig in meinem Arbeitsheft lösen und dann das Ergebnis vergleichen. → Ü 7, Seite 130

Ich benötige einen Hinweis. → Ü 6, Seite 128

Ich kann keine Lösung finden. → Ü 2, Seite 120

Ü 42

Lösungen:

a) $f'(x_0) = x_0(2 \sin x_0 + x_0 \cdot \cos x_0), \quad x_0 \in \mathbb{R},$

b) $f'(x_0) = \dfrac{x_0(\sin 2x_0 + x_0)}{\cos^2 x_0}, \quad \cos^2 x_0 \neq 0,$

c) $f'(x_0) = \dfrac{\cos x_0 - 2x_0 \cdot \sin x_0}{2\sqrt{x_0}}, \quad x_0 > 0.$

Arbeiten Sie im Darbietungsprogramm weiter!

→ K_4; Seite 95

Ü 83

Richtig!

Sie können die Lösung $F'(x_0) = \tan x_0 \cdot \left(\frac{1}{\cos^2 x_0} - 1\right)$ unter Beachtung von

$$\frac{1}{\cos^2 x} = 1 + \tan^2 x$$

weiter vereinfachen.

Damit ergibt sich

$F'(x_0) = \ldots\ldots\ldots\ldots$

→ Ü 84

Ü 123

Hinweis: Wir setzen

$u = 2 + (2x + 1)^2,$

$v = e^{x^2+x+1}$

und somit

$f''(x) = u \cdot v.$

Anwendung der Produkt- und Kettenregel liefert

$f'''(x) = \ldots\ldots\ldots\ldots$

→ Ü 124

Ü 2

Wir wollen diese Aufgabe schrittweise lösen. Zunächst sei an die Bedeutung des Grenzwertes $\lim\limits_{\Delta x \to 0} \frac{\Delta y}{\Delta x}$ als Grenzwert des Differenzenquotienten erinnert.

Ergänzen Sie (für eine beliebige Funktion $y = f(x)$):

$$\lim_{\Delta x \to 0} \frac{\Delta y}{\Delta x} = \ldots\ldots\ldots\ldots$$

Für die Funktion $f(x) = \sin x$, $x \in \mathrm{R}$, gilt dann analog

$$\lim_{h \to 0} \frac{f(x_0 + h) - f(x_0)}{h} = \ldots\ldots\ldots\ldots$$

→ Ü 3

Ü 43

4. Quotientenregel

Aufgabe:

Bestimmen Sie die erste Ableitung der Funktion

$$f(x) = \frac{(5x - 2) \cdot (3x - 1)}{x^4 - 3x^2 + 2}, \quad x^4 - 3x^2 + 2 \neq 0,$$

an der Stelle x_0!

! Entscheiden Sie sich für eine der folgenden Aussagen!

Ich möchte diese Aufgabe bis zum Endergebnis (einschließlich Vereinfachung) ohne Zwischenkontrolle selbständig lösen und dann vergleichen.

→ Ü 54

Ich möchte bei der Lösung der Aufgabe schon nach Teilschritten das Ergebnis vergleichen.

→ Ü 44

Ü 84

$F'(x_0) = \tan^3 x_0.$

Falls Sie weitere Aufgaben selbständig lösen wollen

⟶ Ü 88

sonst weiter im Darbietungsprogramm ⟶ Z_{3-5}, Seite 111

Ü 124

$$f'''(x) = (2x + 1)\,[6 + (2x + 1)^2]\,e^{x^2+x+1}$$

oder $$f'''(x) = (2x + 1)\,(4x^2 + 4x + 7)\,e^{x^2+x+1}.$$

Falls Sie eines dieser richtigen Ergebnisse nicht erhalten haben

⟶ Ü 123

Falls Sie weitere Aufgaben ohne zusätzliche Hilfen lösen wollen

⟶ Ü 126

sonst weiter im Darbietungsprogramm ⟶ Z_7, Seite 112

Ü 3

$$\lim_{\Delta x \to 0} \frac{\Delta y}{\Delta x} = \lim_{h \to 0} \frac{f(x_0 + h) - f(x_0)}{h}$$

$$\lim_{h \to 0} \frac{f(x_0 + h) - f(x_0)}{h} = \lim_{h \to 0} \frac{\sin(x_0 + h) - \sin x_0}{h} . \qquad (*)$$

Auf der rechten Seite der Beziehung (∗) erkennen wir im Zähler die Differenz zweier Winkelfunktionen.
Die Anwendung eines Additionstheorems für Winkelfunktionen liefert

$\sin(x_0 + h) - \sin x_0 = \ldots\ldots\ldots\ldots\ldots\ldots\ldots\ldots$

$= \ldots\ldots\ldots\ldots\ldots\ldots\ldots\ldots$

Hinweis: **Benutzen Sie ein Nachschlagewerk!**

⟶ Ü 4

Ü 44

Bilden Sie zunächst die Ableitung der Funktion und vergleichen Sie Ihr Ergebnis mit den hier angegebenen!

$$f'(x_0) = \frac{[5(3x_0 - 1) + 3(5x_0 - 2)](x_0^4 - 3x_0^2 + 2) - (4x_0^3 - 6x_0)(5x_0 - 2)(3x_0 - 1)}{(x_0^4 - 3x_0^2 + 2)^2}$$

⟶ Ü45

$$f'(x_0) = \frac{5(3x_0 - 1)(x_0^4 - 3x_0^2 + 2) - (4x_0^3 - 6x_0)(5x_0 - 2)(3x_0 - 1)}{(x_0^4 - 3x_0^2 + 2)^2}$$

⟶ Ü46

$$f'(x_0) = \frac{(30x_0 - 11)(x_0^4 - 3x_0^2 + 2) - (4x_0^3 - 6x_0)(15x_0^2 - 11x_0 + 2)}{(x_0^4 - 3x_0^2 + 2)^2}$$

⟶ Ü47

$$f'(x_0) = \frac{5(3x_0 - 1) + 3(5x_0 - 2)(x_0^4 - 3x_0^2 + 2) - (4x_0^3 - 6x_0)(5x_0 - 2)(3x_0 - 1)}{(x_0^4 - 3x_0^2 + 2)^2}$$

⟶ Ü48

Ich erhalte keine oder eine andere Lösung.

⟶ Ü48

Ü 85

Bei der gegebenen Funktion $F(x) = \ln \cos x + \frac{1}{2} \tan^2 x,\ x \in \left(-\frac{\pi}{2}, \frac{\pi}{2}\right)$, handelt es sich um die Summe zweier zusammengesetzter Funktionen. Wir setzen daher

$$F(x) = F_1(x) + F_2(x)$$

mit

$$F_1(x) = \ln \cos x, \qquad F_2(x) = \frac{1}{2} \tan^2 x$$

und

$$f_1(z) = \ln z, \qquad f_2(u) = \frac{1}{2} u^2,$$

$$z = g_1(x) = \cos x, \qquad u = g_2(x) = \tan x.$$

Dann ergibt sich bei Anwendung der Kettenregel

$F_1'(x_0) = \ldots\ldots\ldots\ldots\ldots$,

$F_2'(x_0) = \ldots\ldots\ldots\ldots\ldots$

——→ Ü86

Ü 125

Die von Ihnen gefundene zweite Ableitung

$f''(x) = (4x^2 + 4x + 3)e^{x^2+x+1}$

stellt ein richtiges Ergebnis dar.

Bestimmen Sie nun

$f'''(x) = \ldots\ldots\ldots\ldots\ldots$

Anschließend ——→ Ü124

Ü 4

$$\sin(x_0+h)-\sin x_0 = 2\cos\frac{(x_0+h)+x_0}{2}\sin\frac{(x_0+h)-x_0}{2}$$
$$= 2\cos\left(x_0+\frac{h}{2}\right)\sin\frac{h}{2}$$

Für den Grenzwert des Differenzenquotienten gilt also

$$\lim_{h\to 0}\frac{\sin(x_0+h)-\sin x_0}{h} = \lim_{h\to 0}\frac{2\cos\left(x_0+\frac{h}{2}\right)\sin\frac{h}{2}}{h}.$$

Formen Sie den erhaltenen Grenzwert so um, daß Sie seine Berechnung unter Verwendung von

$$\lim_{h\to 0}\frac{\sin\frac{h}{2}}{\frac{h}{2}} = 1$$

durchführen können!

Lösung: ....

——▶ Ü5

Ü 45

Sie haben die Ableitung der Funktion richtig gebildet.

Multiplizieren Sie nun in

$$f'(x_0) = \frac{[5(3x_0-1)+3(5x_0-2)](x_0^4-3x_0^2+2)-(4x_0^3-6x_0)(5x_0-2)(3x_0-1)}{(x_0^4-3x_0^2+2)^2}$$

die Klammern im Zähler des Bruches aus. Sie erhalten dann

$f'(x_0) =$ ....

——▶ Ü49

Ü 86

$$F_1'(x_0) = \frac{1}{z_0} \cdot z_0' = \frac{1}{\cos x_0} \cdot (-\sin x_0) = -\frac{\sin x_0}{\cos x_0} = -\tan x_0,$$

$$F_2'(x_0) = \frac{1}{2} \cdot 2\, u_0 \cdot u_0' = \frac{\tan x_0}{\cos^2 x_0}.$$

Für die gesuchte Ableitung von $F(x_0) = \ln \cos x + \frac{1}{2} \tan^2 x$, $x \in \left(-\frac{\pi}{2}, \frac{\pi}{2}\right)$, folgt

$$F'(x_0) = \ldots\ldots\ldots\ldots$$

→ Ü87

Ü 126

Aufgaben:

1) Bestimmen Sie die erste und die zweite Ableitung an der Stelle x_0 von

$$f(x) = \sqrt{x^2 + 1}, \quad x \in \mathbf{R}!$$

2) Bestimmen Sie die n-ten Ableitungen der Funktionen

a) $f(x) = \ln x, \quad x \in (0, \infty)$,

b) $f(x) = x \cdot e^x, \quad x \in \mathbf{R}!$

Anschließend → Ü127

Ü 5

$$\lim_{h \to 0} \cos\left(x_0 + \frac{h}{2}\right) \cdot \lim_{h \to 0} \frac{\sin \frac{h}{2}}{\frac{h}{2}} = \cos x_0 \cdot 1 = \cos x_0.$$

Die Funktion $f(x) = \sin x$, $x \in \mathbb{R}$, ist somit an der Stelle x_0 und – da x^0 beliebig war – zugleich an jeder Stelle ihres Definitionsbereiches differenzierbar. Ihre erste Ableitung lautet $f'(x) = \cos x$.
Bearbeiten Sie eine weitere Aufgabe!
Sie überspringen einige Lehrschritte!

→ Ü8

Ü 46

Falsch!
Sie haben die Quotientenregel nicht richtig angewandt.

Gehen Sie systematisch vor. Setzen Sie für die Funktion $f(x) = \frac{(5x-2)(3x-1)}{x^4 - 3x^2 + 2}$ den Zähler gleich $f_1(x)$ und den Nenner gleich $f_2(x)$. Bilden Sie dann

$f_1'(x_0) = \ldots\ldots\ldots\ldots$,

$f_2'(x_0) = \ldots\ldots\ldots\ldots$.

→ Ü51

Ü 87

$$F'(x_0) = -\tan x_0 + \frac{\tan x_0}{\cos^2 x_0}.$$

Unter Verwendung von $\frac{1}{\cos^2 x} = 1 + \tan^2 x$
erhalten wir

$$F'(x_0) = \ldots\ldots\ldots\ldots$$

→ Ü84

Ü 127

Lösungen:

1) $f'(x_0) = \frac{x_0}{\sqrt{x_0^2 + 1}}, f''(x_0) = \frac{1}{\sqrt{(x_0^2 + 1)^3}}.$

2) a) $f^{(n)}(x) = (-1)^{n-1} \cdot \frac{(n-1)!}{x^n}, \quad x \in (0, \infty).$

b) $f^{(n)}(x) = e^x (n + x), \quad x \in \mathrm{R}.$

Weiter im Darbietungsprogramm

→ Z_7, Seite 112

Ü 6

Hinweis: Bestimmen Sie den Grenzwert des Differenzenquotienten unter Benutzung

a) eines Additionstheorems für Winkelfunktionen [Nachschlagewerk benutzen!] und

b) des Grenzwertes $\lim\limits_{h \to 0} \frac{\sin \frac{h}{2}}{\frac{h}{2}} = 1$.

Vergleichen Sie anschließend! → Ü7

Ü 47

Richtig!

Vereinfachen Sie das Ergebnis, indem Sie die Klammern im Zähler des Bruches ausmultiplizieren und nach Potenzen von x zu ordnen!
Verschaffen Sie sich erst dann über die Richtigkeit Ihrer Lösung Gewißheit.

→ Ü50

Ü 88

Nachfolgend werden weitere **Aufgaben** gestellt, die Sie ohne zusätzliche Hilfe lösen sollten.

1) Bestimmen Sie die erste Ableitung folgender Funktionen:

a) $F(x) = \cos(a - bx), \quad x \in \mathbf{R}$,

b) $F(x) = x \cdot \sqrt{x^2 - 1}$, $|x| > 1$,

c) $F(x) = \arcsin \frac{x-1}{x}$, $x \in (\frac{1}{2}, \infty)$; berechnen Sie speziell $F'(5)$,

d) $F(x) = \frac{\sqrt{x^2-1}}{(x+2)^2}$, $|x| > 1$, $x \neq -2$.

2) Es ist zu zeigen, daß die Funktion $x(t) = \frac{t - e^{-t^2}}{2t^2}$, $t \neq 0$,

der Differentialgleichung $t\frac{dx}{dt} + 2x = e^{-t^2} + \frac{1}{2t}$ genügt.

Anschließend ——————▸ Ü89

Ü 128

8. Das Differential

Aufgabe:

Bilden Sie das Differential der Funktion $y = \arctan x$, $x \in \mathbf{R}$, an der beliebigen Stelle x.

! Entscheiden Sie!

Ich möchte diese Aufgabe selbständig in meinem Arbeitsheft lösen und dann das Ergebnis vergleichen. ——————▸ Ü130

Ich benötige einen Hinweis. ——————▸ Ü129

Ü 7

$$\lim_{h\to 0}\frac{f(x_0+h)-f(x_0)}{h}=\lim_{h\to 0}\frac{\sin(x_0+h)-\sin x_0}{h}=\cos x_0.$$

Wenn Sie dieses Ergebnis nicht erhalten haben oder wenn Ihnen der Lösungsweg unklar ist,

dann ⟶ Ü 2

sonst ⟶ Ü 8

Ü 48

Da Sie kein richtiges Ergebnis erhalten haben, lösen wir die Aufgabe schrittweise.

Setzen Sie

$$f_1(x)=(5x-2)\cdot(3x-1),$$

$$f_2(x)=x^4-3x^2+2.$$

Die Ableitungen dieser Funktionen an der Stelle x_0 sind

$$f_1'(x_0)=\ldots\ldots\ldots\ldots\ldots\ldots,$$

$$f_2'(x_0)=\ldots\ldots\ldots\ldots\ldots\ldots.$$

Beachten Sie, daß $f_1(x)$ aus einem **Produkt** zweier Funktionen besteht.

⟶ Ü52

Ü 89

Lösungen:

1) a) $F'(x_0) = b \sin (a - bx_0)$,

b) $F'(x_0) = \frac{2x_0^2 - 1}{\sqrt{x_0^2 - 1}}$,

c) $F'(x_0) = \frac{1}{x_0\sqrt{2x_0 - 1}}$, $F'(5) = \frac{1}{15}$,

d) $F'(x_0) = \frac{-x^2 + 2x + 2}{\sqrt{x^2 - 1}\ (x + 2)^3}$,

2) $\frac{dx}{dt} = \frac{2e^{-t^2} \cdot (1 + t^2) - t}{2t^3}$.

Einsetzen von x und $\frac{dx}{dt}$ in die Differentialgleichung liefert die Richtigkeit der Behauptung.

Weiter im Darbietungsprogramm ——→ Z_{3-5}, Seite 111

Ü 129

Hinweis: Wir erinnern an die Definition des Differentials als Produkt aus der Ableitung und einem beliebigen Zuwachs dx der unabhängigen Variablen, also

$$dy = f'(x) \cdot dx.$$

Versuchen Sie die Lösung erneut!

Anschließend ——→ Ü130

Ü 8

Im folgenden seien weitere Aufgaben genannt, die Sie möglichst *ohne* zusätzliche Hilfen lösen sollten.

Aufgabe:

Bestimmen Sie für die Funktion

$$f(x) = x + \sin x, \quad x \in \mathbf{R},$$

die erste Ableitung an einer beliebigen, aber festen Stelle x_0 durch Berechnung des Grenzwertes $\lim\limits_{\Delta x \to 0} \frac{\Delta y}{\Delta x}$.

! Entscheiden Sie!

Ich möchte diese Aufgabe selbständig lösen und dann das Ergebnis vergleichen. → Ü10

Ich benötige einen Hinweis. → Ü 9

Ü 49

Wenn Sie sorgfältig gearbeitet haben, dann ergibt sich (abgesehen von der Reihenfolge der Summanden):

$$f'(x_0) = \frac{30x_0^5 - 90x_0^3 + 60x_0 - 11x_0^4 + 33x_0^2 - 22 - 60x_0^5 + 90x_0^3 +}{(x_0^4 - 3x_0^2 + 2)^2}$$

$$+ \frac{44x_0^4 - 66x_0^2 - 8x_0^3\, 12x_0}{(x_0^4 - 3x_0^2 + 2)^2}$$

Vereinfachen Sie das Ergebnis weiter! → Ü50

Ü 90

6. Ableitung der Umkehrfunktion

Aufgabe:

Bestimmen Sie die Ableitung der Funktion

$$F(x) = \arcsin \frac{2 - x^2}{2 + x^2}, \; x \in \mathbf{R}!$$

Falls Sie einen Hinweis benötigen ——→ Ü91
sonst ——→ Ü95

Ü 130

Wegen $f'(x) = \dfrac{1}{1 + x^2}$ folgt unmittelbar

$$dy = \frac{1}{1 + x^2} \cdot dx.$$

Wir lösen eine weitere

Aufgabe:

Bilden Sie das Differential der Funktion

$$r(\varphi) = 2\varphi - \sin 2\varphi!$$

Lösen Sie diese Aufgabe selbständig!

Anschließend ——→ Ü131

Ü 9

Hinweis:

$$\lim_{h\to 0}\frac{f(x_0+h)-f(x_0)}{h}=\lim_{h\to 0}\frac{(x_0+h)+\sin(x_0+h)-x_0-\sin x_0}{h}$$

Berechnen Sie diesen Grenzwert unter Benutzung des Ergebnisses der vorhergehenden Aufgabe!

Vergleichen Sie! ——→ Ü10

Ü 50

$$f'(x_0)=\frac{-30x_0^5+33x_0^4-8x_0^3-33x_0^2+72x_0-22}{(x_0^4-3x_0^2+2)^2}$$

Zur Festigung Ihrer Kenntnisse wollen wir die Quotientenregel noch auf eine andere Klasse von Funktionen anwenden, und zwar auf trigonometrische Funktionen.

——→ Ü55

Ü 91

Für die Funktion $\arcsin x$, $x \in [-1, 1]$,
gilt nach S. 6.1 (Lehrschritt 83, Seite 25)

$$\frac{\mathrm{d}}{\mathrm{d}x} \arcsin x = \frac{1}{\sqrt{1 - x^2}}, \; x \in (-1,1).$$

! Entscheiden Sie!

Ich kann die Aufgabe jetzt selbständig lösen. ——→ Ü95

Ich benötige weitere Hinweise. ——→ Ü92

Ü 131

Lösung: $\mathrm{d}r = (2 - 2\cos 2\varphi)\,\mathrm{d}\varphi$.

Falls Sie weitere Aufgaben selbständig lösen wollen ——→ Ü132

sonst weiter im Darbietungsprogramm ——→ Z_8, Seite 113

Ü 10

Das richtige Ergebnis lautet

$$\lim_{h\to 0} \frac{f(x_0+h)-f(x_0)}{h} = \lim_{h\to 0} \frac{(x_0+h)+\sin(x_0+h)-x_0-\sin x_0}{h}$$

$$= \lim_{h\to 0} \frac{h}{h} + \lim_{h\to 0} \frac{\sin(x_0+h)-\sin x_0}{h}$$

$$= 1 + \cos x_0.$$

Falls Sie weitere Aufgaben dieser Art lösen wollen,

dann ——→ Ü11

sonst weiter im Darbietungsprogramm ——→ Z_1, Seite 109

Ü 51

$$f_1'(x_0) = 30x_0 - 11,$$
$$f_2'(x_0) = 4x^3 - 6x_0.$$

Bilden Sie nun noch einmal mit Hilfe der Quotientenregel die Ableitung der Funktion

$$f(x) = \frac{f_1(x)}{f_2(x)} = \frac{(5x-2)\cdot(3x-1)}{x^4-3x^2+2}, \; x^4-3x^2+2 \neq 0,$$

an der Stelle x_0!

$f'(x_0) =$ ....

Vergleichen Sie erneut in

——→ Ü44

Ü 92

Wir betrachten die in Ü90 gegebene Funktion

$$F(x) = \arcsin \frac{2 - x^2}{2 + x^2}, x \in \mathbf{R},$$

als zusammengesetzte Funktion und setzen

$$f(z) = \arcsin z, z = g(x) = \frac{2 - x^2}{2 + x^2}.$$

Damit ergibt sich

$$f'(z) = \ldots\ldots\ldots\ldots,$$

$$g'(x) = \ldots\ldots\ldots\ldots$$

→ Ü93

Ü 132

Nachfolgend seien einige **Aufgaben** genannt, die Sie ohne zusätzliche Hilfe lösen sollten.

Bestimmen Sie die Differentiale der Funktionen

a) $y = \sqrt{1 + x^2}, \quad x \in \mathbf{R},$

b) $y = \frac{a}{x} + \arctan \frac{x}{a}, x \in \mathbf{R}, \quad x \neq 0,$

c) $y = \frac{2}{\sqrt{x}}$ an der Stelle $x_0 = 9$ für $dx = -0{,}01$.

Anschließend → Ü133

Ü 11

Aufgaben:

Bestimmen Sie für die Funktionen

a) $f(x) = \tan x, \quad x \neq (2n + 1)\frac{\pi}{2}, n \in \mathbf{G},$

b) $f(x) = x - \tan x, \quad x \neq (2n + 1)\frac{\pi}{2}, n \in \mathbf{G},$

c) $f(t) = a(t - \sin t), \quad t \in \mathbf{R},$

die erste Ableitung an einer beliebigen, aber festen Stelle x_0 bzw. t_0 durch Berechnung des Grenzwertes

$$\lim_{\Delta x \to 0} \frac{\Delta y}{\Delta x} \text{ bzw. } \lim_{\Delta t \to 0} \frac{\Delta y}{\Delta t}\,!$$

! Lösen Sie diese Aufgaben selbständig und vergleichen Sie erst dann.

→ Ü12

Ü 52

$$f_1'(x_0) = 30x_0 - 11,$$
$$f_2'(x_0) = 4x_0^3 - 6x_0.$$

Für die Anwendung der Quotientenregel benötigen wir nun

$$f_1'(x_0) \cdot f_2(x_0) = \ldots\ldots\ldots\ldots,$$
$$f_1(x_0) \cdot f_2'(x_0) = \ldots\ldots\ldots\ldots.$$

Vergleichen Sie! → Ü53

Ü 93

$$f'(z) = \frac{1}{\sqrt{1-z^2}},$$

$$g'(x) = \frac{-2x(2+x^2)-2x(2-x^2)}{(2+x^2)^2}.$$

Anwendung der Kettenregel auf die Funktion $F(x) = \arcsin \frac{2-x^2}{2+x^2}$, $x \in \mathsf{R}$, führt auf

$$F'(x) = \ldots\ldots\ldots\ldots\ldots .$$

⟶ Ü94

Ü 133

Lösungen:

a) $\mathrm{d}y = \frac{x\,\mathrm{d}x}{\sqrt{1+x^2}}, \quad x \in \mathsf{R}.$

b) $\mathrm{d}y = -\frac{a^3\,\mathrm{d}x}{x^2(a^2+x^2)}, \; x \neq 0.$

c) $\mathrm{d}y = -\frac{1}{x \cdot \sqrt{x}}\,\mathrm{d}x, \quad x > 0,$

$$\mathrm{d}y\big|_{x_0=9} = \frac{1}{2700}.$$

Weiter im Darbietungsprogramm ⟶ Z_8, Seite 113

Ü 12

Lösungen:

a) $f'(x_0) = \frac{1}{\cos^2 x_0}$,

b) $f'(x_0) = 1 - \frac{1}{\cos^2 x_0} = -\tan^2 x_0$,

c) $f'(t_0) = 2a \sin^2 \frac{t_0}{2}$ oder $f'(t_0) = a(1 - \cos t_0)$.

Weiter im Darbietungsprogramm ——→ Z_1, Seite 109

Ü 53

$$f_1'(x_0)\, f_2(x_0) = 30x_0^5 - 11x_0^4 - 90x_0^3 + 33x_0^2 + 60x_0 - 22$$
$$f_1(x_0)\, f_2'(x_0) = 60x_0^5 - 44x_0^4 - 82x_0^3 - 66x_0^2 - 12x_0.$$

Damit erhalten wir unter Beachtung der allgemeinen Aussage

$$f'(x_0) = \frac{f_1'(x_0)\, f_2(x_0) - f_1(x_0)\, f_2'(x_0)}{f_2^2(x_0)}$$

für die gegebene Funktion das Ergebnis

$f'(x_0) = \ldots\ldots\ldots\ldots\ldots$

——→ Ü50

Ü 94

$$F'(x) = \frac{1}{\sqrt{1 - \left(\frac{2 - x^2}{2 + x^2}\right)^2}} \cdot \frac{-2x(2 + x^2) - 2x(2 - x^2)}{(2 + x^2)^2}, x \neq 0.$$

Vereinfachen Sie diese Lösung!

$F'(x) = \dots\dots\dots\dots, \quad x \neq 0.$

→ Ü95

---

9. Mittelwertsätze der Differentialrechnung

Ü 134

Aufgabe:

In welchem Punkt ist die Tangente an das Bild der Funktion

$f(x) = 4 - x^2, x \in (-2,1),$

parallel zur Sehne, die die Punkte $A(-2,0)$ und $B(1,3)$ verbindet?

Hinweis: Fertigen Sie eine Skizze an!

! Entscheiden Sie!

Ich möchte diese Aufgabe bis zum Endergebnis ohne Hilfe in meinem Arbeitsheft lösen und dann das Ergebnis vergleichen. → Ü139

Ich benötige noch Hinweise. → Ü140

Ich kann diese Aufgabe nicht lösen. → Ü135

Ü 13

2. Stetigkeit und Differenzierbarkeit

Aufgabe:

Wir untersuchen die Funktion

$$f(x) = \begin{cases} x^2 & \text{für } x \geqq 1, \\ (x-2)^2 & \text{für } x < 1 \end{cases}$$

in $x_0 = 1$ auf Stetigkeit und Differenzierbarkeit.

Fertigen Sie zunächst eine Skizze der Funktion an!

Anschließend → Ü14

Ü 54

$$f'(x_0) = \frac{-30x_0^5 + 33x_0^4 - 8x_0^3 - 33x_0^2 + 72x_0 - 22}{(x_0^4 - 3x_0^2 + 2)^2}.$$

Sollten Sie diese Lösung erhalten haben, dann haben Sie sehr gut gearbeitet. Weiter so!
Sie können schon mit der nächsten Übungsaufgabe beginnen!

→ Ü55

Sollten Sie diese Lösung jedoch nicht erhalten haben → Ü48

Ü 95

$$F'(x) = \frac{-8x}{(2 + x^2)\sqrt{8x^2}}, \; x \neq 0.$$

Bei der weiteren Vereinfachung dieses Ausdruckes (Rationalmachen des Nenners) spielt das Vorzeichen von x eine Rolle. Unter Berücksichtigung von $\sqrt{x^2} = |x|$ ergibt sich damit

$$F'(x) = \frac{\mathrm{d}}{\mathrm{d}x} \arcsin \frac{2 - x^2}{2 + x^2} = \begin{cases} \ldots\ldots\ldots\ldots, & \text{falls } x > 0, \\ \ldots\ldots\ldots\ldots, & \text{falls } x < 0. \end{cases}$$

→ Ü96

Ü 135

Gesucht ist offenbar der „Zwischenwert“ ξ, so daß die Tangente im Punkt $(\xi, f(\xi))$ parallel zur Sehne $\overline{AB}$ verläuft.

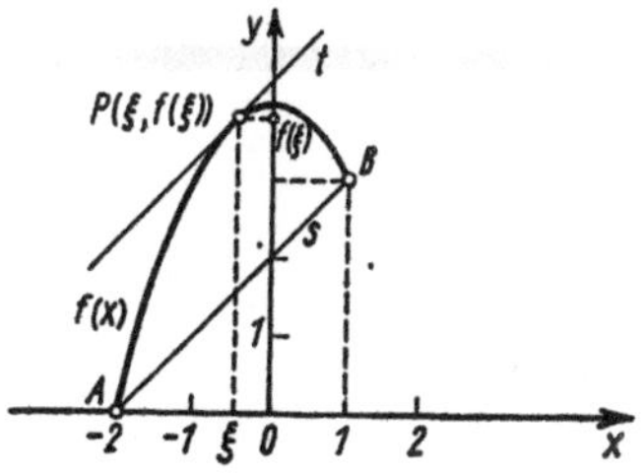

Abb. 44

Wir wenden den Mittelwertsatz in der Form an

$$\frac{f(b) - f(a)}{b - a} = f'(\xi),$$

und zwar auf die Funktion $f(x) = 4 - x^2$, $x \in [-2,1]$.

Bestimmen Sie:

$b = \ldots\ldots\ldots\ldots$ $a = \ldots\ldots\ldots\ldots$

$f(b) = \ldots\ldots\ldots\ldots$ $f(a) = \ldots\ldots\ldots\ldots$

$f'(x)\big|_{x=\xi} = \ldots\ldots\ldots\ldots$

Vergleichen Sie anschließend!

→ Ü136

Ü 14

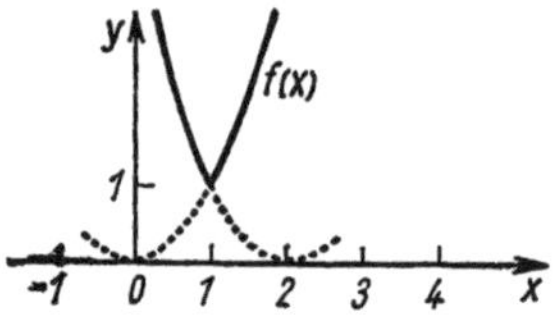

Abb. 42

Das Bild von $f(x)$ ergibt sich – unter Berücksichtigung der jeweiligen Definitionsbereiche – aus Teilen von zwei quadratischen Parabeln mit den Scheitelpunkten in (0; 0) und (2; 0).

! Entscheiden Sie sich für eine der folgenden Aussagen?

$f(x)$ ist in $x_0 = 1$ nicht stetig. ———▶ Ü15

$f(x)$ ist in $x_0 = 1$ stetig. ———▶ Ü17

Ich weiß es nicht. ———▶ Ü18

Ü 55

Aufgabe:

Bestimmen Sie die erste Ableitung der Funktion

$$f(x) = \frac{\cos x}{1 + 2\sin x}, \; 1 + 2\sin x \neq 0,$$

an der Stelle x_0!

! Entscheiden Sie!

Ich möchte diese Aufgabe selbständig lösen und dann das Ergebnis vergleichen. ———▶ Ü57

Ich benötige einen Hinweis. ———▶ Ü56

Ich kann keine Lösung finden.– Wir empfehlen Ihnen, den Lehrabschnitt „Quotientenregel“, Darbietungsprogramm Seite 34ff., sorgfältig zu studieren. —— 50 bis 55 ——

Ü55 ◀——

$$F'(x) = \begin{cases} -\dfrac{2\sqrt{2}}{2+x^2}, \text{ falls } x > 0, \\ \dfrac{2\sqrt{2}}{2+x^2}, \text{ falls } x < 0. \end{cases}$$

Ü 96

Wir wenden uns einer weiteren Aufgabe zu, in der Umkehrfunktionen der Exponentialfunktionen sowie hyperbolischer Funktionen auftreten.

Aufgabe:

Ein Körper mit der Masse m legt unter der Einwirkung der Schwerebeschleunigung g und einer Reibungskraft $R = bv^2$ in der Zeit t den Weg

$$x = x_0 + \frac{1}{\beta^2 g} \cdot \ln \frac{\cosh(\operatorname{artanh} \beta v_0 + \beta g t)}{\cosh(\operatorname{artanh} \beta v_0)}, \quad \beta^2 = \frac{b}{mg},$$

zurück (x_0, v_0, b sind Konstante).
Berechnen Sie die Geschwindigkeit v des Körpers!

! Entscheiden Sie!

Ich löse die Aufgabe selbständig und vergleiche das Ergebnis.

→ Ü108, Seite 169

Ich benötige Hinweise. → Ü97

Ü 136

$b = 1,$ $\qquad a = -2,$

$f(b) = 3,$ $\qquad f(a) = 0.$

$f'(\xi) = -2\xi.$

Setzen Sie die gefundenen Werte in die Formel des Mittelwertsatzes ein (vgl. Ü135), und bestimmen Sie ξ (im vorliegenden Fall läßt sich ξ explizit angeben)!

Lösung:

→ Ü137

Ü 15

Ihre Antwort ist falsch!

Wiederholen Sie den Begriff der Stetigkeit einer Funktion, z. B.

im Darbietungsprogramm, Seite 10
oder in [1], Seite 135 ff.
oder in [2], Seite 130 ff.
oder in [3], Seite 25 ff!

Anschließend beantworten Sie bitte folgende Frage: Welche notwendige und hinreichende Bedingung für die Stetigkeit von $f(x)$ in x_0 ist Ihnen bekannt?

→ Ü16

Ü 56

Hinweis: Setzen Sie

$$f_1(x) = \cos x,$$

$$f_2(x) = 1 + 2 \sin x$$

und differenzieren Sie $f(x) = \frac{f_1(x)}{f_2(x)} = \frac{\cos x}{1 + 2 \sin x}$, $1 + 2 \sin x \neq 0$, nach der Quotientenregel.
Vereinfachen Sie das Ergebnis unter Verwendung von

$$\sin^2 x + \cos^2 x = 1.$$

$$f'(x_0) = \ldots\ldots\ldots\ldots\ldots\ldots$$

Anschließend → Ü57

Ü 97

Schreiben Sie zunächst den Logarithmus des Quotienten als Differenz

$$\ln \frac{\cosh(\operatorname{artanh} \beta v_0 + \beta g t)}{\cosh(\operatorname{artanh} \beta v_0)} = \dots\dots\dots\dots\dots\dots\dots\dots$$

——→ Ü98

Ü 137

Wegen

$$\frac{f(b) - f(a)}{b - a} = f'(\xi)$$

erhält man

$$\frac{3 - 0}{1 + 2} = -2\,\xi$$

und somit

$$\xi = -\frac{1}{2}.$$

Bestimmen Sie nun für $f(x) = 4 - x^2$, $x \in (-2{,}1)$, den Wert der Funktion an der Stelle ξ:

$$f(\xi) = \dots\dots\dots\dots$$

——→ Ü138

Ü 16

Antwort:

Die Funktion $f(x)$ ist in x_0 genau dann stetig, wenn sie dort sowohl linksseitig als auch rechtsseitig stetig ist.
In diesem Falle gilt:

a) $\lim\limits_{x \to x_0+0} f(x) = \lim\limits_{x \to x_0-0} f(x) = f(x_0)$

oder

b) $\lim\limits_{h \to +0} f(x_0 + h) = \lim\limits_{h \to -0} f(x_0 + h) = f(x_0).$

Berechnen Sie nun für die Funktion

$$f(x) = \begin{cases} x^2 & \text{für } x \geqq 1, \\ (x-2)^2 & \text{für } x < 1 \end{cases}$$

$f(1) = \ldots\ldots\ldots\ldots\ldots\ldots\ldots,$

$\lim\limits_{h \to +0} f(1 + h) = \ldots\ldots\ldots\ldots\ldots\ldots.$

$\lim\limits_{h \to -0} f(1 + h) = \ldots\ldots\ldots\ldots\ldots\ldots.$

Anschließend ——→ Ü19

Ü 57

Das richtige Ergebnis lautet

$$f'(x_0) = \frac{(-\sin x_0)(1 + 2\sin x_0) - \cos x_0 \cdot 2\cos x_0}{(1 + 2\sin x_0)^2}$$

oder vereinfacht

$$f'(x_0) = -\frac{2 + \sin x_0}{(1 + 2\sin x_0)^2}.$$

Wir lösen eine weitere Aufgabe. ——→ Ü58

Ü 98

$$\ln \frac{\cosh(\operatorname{artanh} \beta v_0 + \beta g t)}{\cosh(\operatorname{artanh} \beta v_0)} = \ln [\cosh(\operatorname{artanh} \beta v_0 + \beta g t)] - \ln [\cosh(\operatorname{artanh} \beta v_0)].$$

Damit ergibt sich für den Weg x aus Ü96:

$x =$ ....

→ Ü99

Ü 138

$$f(\xi) = 4 - (-\tfrac{1}{2})^2$$

oder

$$f(\xi) = \frac{15}{4} = 3{,}75.$$

Formulieren Sie die Lösung in einem Antwortsatz. Wir wiederholen die dazu benötigten Angaben:
gegeben: $f(x) = 4 - x^2$, $x \in (-2{,}1)$, mit $A(-2{,}0)$, $B\,(1{,}3)$,
gesucht: $P(\xi, f(\xi))$, in dem die Tangente parallel zu $\overline{AB}$.
Verdeutlichen Sie sich das Ergebnis nochmals an Hand Ihrer Skizze!

Anschließend → Ü139

Ü 17

Ihre Antwort ist richtig!

Führen Sie den Nachweis für die Stetigkeit der gegebenen Funktion $f(x)$ in x_0 jetzt analytisch!

! Entscheiden Sie!

Ich kann den Nachweis in meinem Arbeitsheft selbständig führen.

Anschließend ————▶ Ü19

Ich benötige einige Hinweise. ————▶ Ü18

Ü 58

Aufgabe:

Bestimmen Sie die erste Ableitung der Funktion

$$f(x) = \frac{\cot a}{\tan x}, \; x \neq (2n+1) \cdot \frac{\pi}{2}, \; a \in \mathbb{R}, \; (a \neq n\pi),$$

an der Stelle x_0!
Suchen Sie den vorteilhaftesten Lösungsweg!

! Entscheiden Sie anschließend!

Ich habe vermutlich den vorteilhaftesten Lösungsweg gefunden

————▶ Ü59

Ich habe den vorteilhaftesten Lösungsweg vermutlich nicht gefunden.

————▶ Ü61

Meine Lösung lautet

$$f'(x) = \frac{\frac{-\tan x_0}{\sin^2 a} - \frac{\cot a}{\cos^2 x_0}}{\tan^2 x_0}.$$ ————▶ Ü62

Ich kann keine Lösung finden. ————▶ Ü63

Ü 99

$$x = x_0 + \frac{1}{\beta^2 g}\left\{\ln\left[\cosh\left(\operatorname{artanh}\beta v_0 + \beta g t\right)\right] - \ln\left[\cosh\left(\operatorname{artanh}\beta v_0\right)\right]\right\}$$

Bestimmen Sie nun die Geschwindigkeit $v = \frac{dx}{dt}$.
Wissen Sie, wie Sie vorzugehen haben?

Falls Sie Hinweise benötigen ——→ Ü100

sonst ——→ Ü101

Ü 139

$$\xi = -\frac{1}{2}, \quad f(\xi) = \frac{15}{4}.$$

Antwort (sinngemäß):

Im Punkt $P(-\frac{1}{2}, \frac{15}{4})$ ist die Tangente an das Bild der Funktion $f(x) = 4 - x^2$, $x \in (-2,1)$, parallel zur Sehne, die die Punkte $A(-2,0)$ und $B(1,3)$ verbindet.

Geometrische Darstellung:

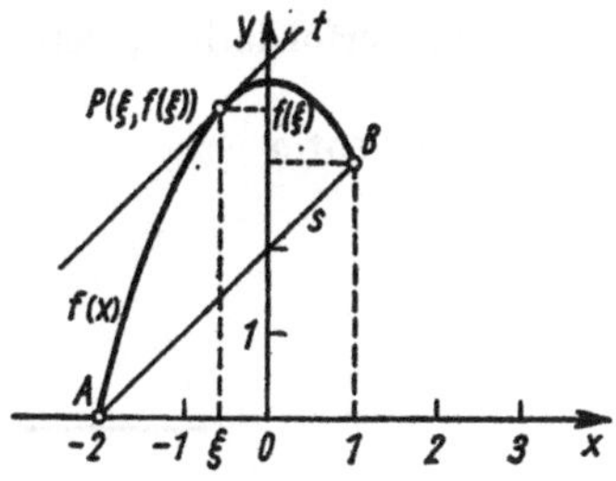

Abb. 45

Falls Sie diese Ergebnisse nicht erhalten haben, geben wir Ihnen einige Hinweise ——→ Ü140

sonst ——→ Ü141

Ü 18

Überlegen Sie zunächst, wie die Stetigkeit einer Funktion $f(x)$ an der Stelle x_0 definiert ist. Erforderlichenfalls informieren Sie sich

im Darbietungsprogramm, S. 10
oder in [1], Seite 135 ff.
oder in [2], Seite 130 ff.
oder in [3], Seite 25 ff.!

Berechnen Sie dann für die Funktion $f(x) = \begin{cases} x^2 & \text{für } x \geq 1, \\ (x-2)^2 & \text{für } x < 1 \end{cases}$

$f(1) = \dots\dots\dots\dots,$

$\lim_{h \to +0} f(1+h) = \dots\dots\dots\dots\dots\dots,$

$\lim_{h \to -0} f(1+h) = \dots\dots\dots\dots\dots\dots.$

→ Ü19

Ü 59

Die Anwendung der Quotientenregel ist nicht erforderlich; denn es gilt

$$f(x) = \frac{\cot a}{\tan x} = \cot a \cdot \frac{1}{\tan x} = \cot a \cdot \cot x$$

und damit, da cot a konstant ist,

$f'(x_0) = \dots\dots\dots\dots\dots\dots.$

→ Ü60

Ü 100

Hinweise: Bei Betrachtung von

$$x = x_0 + \frac{1}{\beta^2 g}\left\{\ln\left[\cosh\left(\operatorname{artanh}\beta v_0 + \beta g t\right)\right] - \ln\left[\cosh\left(\operatorname{artanh}\beta v_0\right)\right]\right\}$$

stellen wir fest:

1) Der Ausdruck $\ln[\cosh(\operatorname{artanh}\beta v_0)]$ ist von t unabhängig und daher bei der Differentiation als Konstante zu behandeln.
2) Der Ausdruck $\ln[\cosh(\operatorname{artanh}\beta v_0 + \beta g t)$ ist von t abhängig. Versuchen Sie erneut die Lösung!

$$v = \frac{dx}{dt} = \ldots\ldots\ldots\ldots\ldots\ldots\ldots\ldots\ldots\ldots\ldots\ldots$$

———▸ Ü101

Ü 140

Hinweise:

1) Gesucht ist offenbar der (in unserem Falle eindeutig bestimmte) „Zwischenwert" ξ, so daß die Tangente im Punkte $(\xi, f(\xi))$ parallel zur Sehne $\overline{AB}$ verläuft.
2) Bilden Sie die erste Ableitung der Funktion $f(x) = 4 - x^2$, $x \in (-2, 1)$, und wenden Sie den Mittelwertsatz (Satz von Lagrange) in der Form

$$\frac{f(b) - f(a)}{b - a} = f'(\xi),$$

auf diese Funktion $f(x)$ an! Bestimmen Sie dann ξ und $f(\xi)$!

Lösung:

Anschließend ———▸ Ü139

Falls Sie keine Lösung finden können ———▸ Ü135

Ü 19

$$f(1) = 1,$$

$$\lim_{h \to +0} f(1+h) = \lim_{h \to +0} (1+h)^2 = 1,$$

$$\lim_{h \to -0} f(1+h) = \lim_{h \to -0} (1+h-2)^2 = 1.$$

Wegen $f(1) = \lim_{h \to +0} f(1+h) = \lim_{h \to -0} f(1+h) = 1$ ist die gegebene Funktion in $x_0 = 1$ sowohl rechtsseitig als auch linksseitig stetig und damit stetig schlechthin.
Wir untersuchen nun, ob diese Funktion in $x_0 = 1$ auch differenzierbar ist.
Für die beiden einseitigen Ableitungen in $x_0 = 1$ ergibt sich

$f_r'(1) = \ldots\ldots\ldots\ldots$ und

$f_l'(1) = \ldots\ldots\ldots\ldots\ldots$

→ Ü20

Ü 60

$$f'(x_0) = -\frac{\cot a}{\sin^2 x_0}.$$

Falls Sie weitere Aufgaben selbständig lösen wollen

→ Ü64

sonst weiter im Darbietungsprogramm → K_5, Seite 97

Ü 101

! Vergleichen Sie Ihr Ergebnis mit folgendem Lösungsangebot!

$$v = \frac{1}{\beta^2 g} \cdot \frac{\sinh(\operatorname{artanh} \beta v_0 + \beta g t)}{\cosh(\operatorname{artanh} \beta v_0 + \beta g t)} \cdot \beta g$$ ——————► Ü102

$$v = \frac{1}{\beta^2 g} \cdot \frac{1}{\cosh(\operatorname{artanh} \beta v_0 + \beta g t)}$$ ——————► Ü103

$$v = \frac{1}{\beta} \cdot \tanh(\operatorname{artanh} \beta v_0 + \beta g t)$$ ——————► Ü104

$$v = \frac{1}{\beta^2 g} \cdot \frac{\sinh(\operatorname{artanh} \beta v_0 + \beta g t)}{\cosh(\operatorname{artanh} \beta v_0 + \beta g t)}$$ ——————► Ü105

Ü 141

Aufgabe:

Gegeben ist auf 5 Dezimalstellen genau lg 6 = 0,77815. Berechnen Sie lg 6,2 mit Hilfe des Mittelwertsatzes auf drei Dezimalstellen genau!

! Entscheiden Sie!

Ich möchte diese Aufgabe selbständig bis zum Endergebnis in meinem Arbeitsheft lösen und dann das Ergebnis vergleichen.

——————► Ü148

Ich benötige Hinweise. ——————► Ü146

Ich kann die Aufgabe nicht lösen. ——————► Ü142

Ü 20

$$f_r'(1) = 2,$$
$$f_l'(1) = -2.$$

Wenn Sie diese Lösungen nicht gefunden haben, so vergleichen Sie Ihre Aufzeichnungen mit den folgenden Zwischenschritten:

$$f_r'(1) = \lim_{h \to +0} \frac{(1+h)^2 - 1^2}{h} = \lim_{h \to +0} \frac{1 + 2h + h^2 - 1}{h} = 2,$$

$$f_l'(1) = \lim_{h \to -0} \frac{(1+h-2)^2 - 1^2}{h} = \lim_{h \to -0} \frac{h^2 - 2h}{h} = -2.$$

Welche Schlußfolgerung ziehen Sie aus dem obigen Ergebnis bezüglich der Differenzierbarkeit der Funktion in $x_0 = 1$?

! Entscheiden Sie sich für eine der folgenden Aussagen!

$f(x)$ ist in $x_0 = 1$ differenzierbar. → Ü21

$f(x)$ ist in $x_0 = 1$ nicht differenzierbar. → Ü22

Ü 61

Bei formaler Anwendung der Quotientenregel auf $f(x) = \frac{\cot a}{\tan x}$ kann man setzen

$$f_1(x) = \cot a;\ f_2(x) = \tan x$$

und gelangt unter Beachtung der Tatsache, daß $\cot a$ eine Konstante ist, zum richtigen Ergebnis.
Vorteilhafter ist allerdings der Ansatz

$$f(x) = \frac{\cot a}{\tan x} = \cot a \cdot \frac{1}{\tan x} = \cot a \cdot \cot x$$

und damit

$$f'(x) = \ldots\ldots\ldots\ldots$$

→ Ü60

Ü 102

Sie fanden mit $v = \frac{1}{\beta^2 g} \frac{\sinh(\operatorname{artanh} \beta v_0 + \beta g t)}{\cosh(\operatorname{artanh} \beta v_0 + \beta g t)} \cdot \beta g$ ein richtiges Ergebnis.

Wegen $\frac{\sinh x}{\cosh x} = \tanh x$ ergibt sich

$v = \dots\dots\dots\dots\dots\dots\dots\dots$

→ Ü104

Ü 142

Wir empfehlen Ihnen das Studium der Lehreinheiten 145 bis 147 (Seite 75ff.) im zugehörigen Darbietungsprogramm, anschließend arbeiten Sie hier weiter.

—— 145 bis 147 ——

Wir wenden den Mittelwertsatz (Satz von Lagrange) an in der Form

$$f(x_0 + h) = f(x_0) + h \cdot f'(x_0 + \vartheta h), \ \vartheta \in (0,1),$$

und zwar auf die gegebene Funktion $f(x) = \lg x$ für $x_0 = 6$ und $h = 0{,}2$. Bestimmen Sie:

a) $f(x) = \dots\dots\dots\dots$, d) $f(x_0) = \dots\dots\dots\dots$,

b) $f'(x) = \dots\dots\dots\dots$, e) $f(x_0 + h) = \dots\dots\dots\dots$,

c) $x_0 + h = \dots\dots\dots\dots$, f) $f'(x_0 + \vartheta h) = \dots\dots\dots\dots$.

Hinweis: Die 1. Ableitung von $f(x) = \lg x$ finden Sie im zugehörigen Darbietungsprogramm (Anhang, Seite 116), den Wert für lg e in einem Nachschlagewerk.

→ Ü143

Ü21

Ihre Antwort ist nicht richtig!

! Wiederholen Sie die notwendige und hinreichende Bedingung für die Differenzierbarkeit einer Funktion z. B.

im Darbietungsprogramm, Seite 38
oder in [1], Seite 116
oder in [2], Seite 101
oder in [3], Seite 45.

Begründen Sie anschließend, weshalb die vorgegebene Funktion $f(x)$ in $x_0 = 1$ nicht differenzierbar ist!

→ Ü22

Ü62

Ihr Ergebnis ist falsch!

! Beachten Sie: cot a ist eine Konstante!

Versuchen Sie die Lösung erneut!

Anschließend → Ü58

Falsch!

Ü 103

Offenbar haben Sie die gegebenen Hinweise (vgl. Ü100, S. 153) nicht genügend beachtet. Wir lösen die Aufgabe schrittweise.
Zunächst stellen wir fest, daß in

$$x = x_0 + \frac{1}{\beta^2 g}\left\{\ln\left[\cosh\left(\operatorname{artanh}\beta v_0 + \beta g t\right)\right] - \ln\left[\cosh\left(\operatorname{artanh}\beta v_0\right)\right]\right\}$$

die Ausdrücke

$$x_0 \quad \text{und} \quad \frac{-1}{\beta^2 g}\ln\left[\cosh\left(\operatorname{artanh}\beta v_0\right)\right]$$

Konstanten darstellen und deshalb beim Differenzieren Null ergeben.
Verbleibt noch die Differentiation des Ausdrucks

$$\frac{1}{\beta^2 g}\ln\cosh\left(\operatorname{artanh}\beta v_0 + \beta g t\right) \qquad (*)$$

nach t.

Wir setzen $u = \operatorname{artanh}\beta v_0 + \beta g t$,

$w = \cosh u$.

Damit geht (*) über in

→ Ü107

Ü 143

a) $f(x) = \lg x$,

b) $f'(x) = \frac{\lg e}{x}$,

c) $x_0 + h = 6{,}2$,

d) $f(x_0) = \lg 6$,

e) $f(x_0 + h) = \lg 6{,}2$,

f) $f'(x_0 + \vartheta h) = \frac{\lg e}{6 + \vartheta\, 0{,}2}$.

Anwendung des ersten Mittelwertsatzes (Satz von Lagrange) auf die Funktion $f(x) = \lg x$ für $x_0 = 6$ und $h = 0{,}2$ ergibt

$\lg 6{,}2 = \ldots\ldots\ldots\ldots\ldots\ldots$

→ Ü144

Ü 22

$f(x)$ ist in $x_0 = 1$ nicht differenzierbar, weil

$f_r'(1) \neq f_l'(1)$.

Wir fassen zusammen:

Die in **Ü13**, Seite 142, vorgegebene Funktion $f(x)$ ist in $x_0 = 1$ zwar stetig, aber nicht differenzierbar. Es existieren in diesem Punkt die beiden einseitigen Ableitungen

$$f_r'(x) \text{ und } f_l'(x), \text{ es gilt jedoch } f_r'(x) \neq f_l'(x).$$

Im Punkt $(1, f(1))$ kann also keine Tangente an die Kurve gelegt werden (hingegen existieren dort die beiden einseitigen Tangenten).
Wir wenden uns einem weiteren Beispiel zu.

——→ **Ü23**

Ü 63

Wie im Lehrabschnitt „Quotientenregel“ (Lehrschritt **50** ff., S. 34 ff.) gezeigt wurde, ist der Quotient $q(x) = \frac{f_1(x)}{f_2(x)}$ von zwei differenzierbaren Funktionen $f_1(x)$, $f_2(x)$ (mit $f_2(x) \neq 0$) wiederum differenzierbar. Man erhält

$$q'(x_0) = \frac{f_1'(x_0)\, f_2(x_0) - f_1(x_0)\, f_2'(x_0)}{f_2^2(x_0)}.$$

Versuchen Sie nun, die gegebene Aufgabe zu lösen!

——→ **Ü58**

Ü 104

$$v = \frac{1}{\beta} \tanh\,(\operatorname{artanh} \beta v_0 + \beta g t)$$

ist die Lösung in der einfachsten Darstellung.

Weiter im Darbietungsprogramm! ——→ Z_6, Seite 111

Ü 144

$$\lg 6{,}2 = \lg 6 + \frac{0{,}2 \lg e}{6 + \vartheta\, 0{,}2}, \; \vartheta \in (0{,}1) \qquad (*)$$

Wie Sie bemerken, hängt der Funktionswert lg 6,2 von der Größe ϑ ab, die uns numerisch im allgemeinen nicht bekannt ist. Der ϑ enthaltende Ausdruck ist offenbar streng monoton. Daher kann man durch Einsetzen spezieller Werte für ϑ die näherungsweise Berechnung des Funktionswertes lg 6,2 durchführen. Hierbei ist es zweckmäßig, statt ϑ die Werte 0 und 1 einzusetzen (die in (*) aber nicht angenommen werden können).

Ersetzt man in (*) ϑ durch 1, so folgt

$\lg 6{,}2 >$ . . . .

Ersetzt man in (*) ϑ durch 0, so folgt

$\lg 6{,}2 <$ . . . .

Somit ergibt sich

. . . . $< \lg 6{,}2 <$ . . . .

——→ Ü145

Ü 23 Aufgabe:

Gegeben sei die Funktion

$$f(x) = \begin{cases} 1 + \sin x & \text{für } x > 0, \\ |x + 1| & \text{für } x \leqq 0. \end{cases}$$

a) Skizzieren Sie das Bild dieser Funktion in Ihrem Arbeitsheft!

b) Entscheiden Sie auf Grund Ihrer Skizze, ob $f(x)$ in $x_0 = -1$ und in $x_1 = 0$ stetig bzw. differenzierbar ist.
Tragen Sie Ihre Antworten in die folgende Tabelle ein!

$f(x)$ in	stetig	nicht stetig	differenzierbar	nicht differenzierbar
$x_0 = -1$				
$x_1 = 0$				

Vergleichen Sie! ⟶ Ü24

Ü 64

Nachfolgend seien einige **Aufgaben** genannt, die Sie ohne Hilfe lösen sollten.

Bestimmen Sie die erste Ableitung folgender Funktionen an der Stelle x_0:

a) $f(x) = \dfrac{e^x - 1}{e^x + 1}, \qquad x \in \mathbf{R},$

b) $f(x) = \dfrac{1 + \ln x}{x}, \qquad x > 0,$

c) $f(x) = \dfrac{x - \sin x}{x + \sin x}, \qquad x + \sin x \neq 0.$

Erst dann ⟶ Ü65

Dieses Ergebnis ist falsch.

Ü 105

Bei Anwendung der Kettenregel kann man in

$$x = x_0 + \frac{1}{\beta^2 g} \ln [\cosh (\operatorname{artanh} \beta v_0 + \beta g t)] - \frac{1}{\beta^2 g} \ln [\cosh (\operatorname{artanh} \beta v_0)]$$

setzen

$$x = \frac{1}{\beta^2 g} \cdot \ln w + c,$$

$$w = \cosh u,$$

$$u = \operatorname{artanh} \beta v_0 + \beta g t,$$

$$c = x_0 - \frac{1}{\beta^2 g} \ln [\cosh (\operatorname{artanh} \beta v_0)] = \text{const.}$$

und erhält

$$\frac{dx}{dw} = \ldots\ldots\ldots\ldots\ldots\ldots ,$$

$$\frac{dw}{du} = \ldots\ldots\ldots\ldots\ldots\ldots ,$$

$$\frac{du}{dt} = \ldots\ldots\ldots\ldots\ldots\ldots .$$

→ Ü106

Ü 145

$$\lg 6{,}2 > \lg 6 + \frac{0{,}2 \cdot \lg e}{6{,}2} = 0{,}79216,$$

$$\lg 6{,}2 < \lg 6 + \frac{0{,}2 \cdot \lg e}{6} = 0{,}79263.$$

Daraus folgt

$$0{,}79216 < \lg 6{,}2 < 0{,}79263.$$

Wie man sieht, ergibt sich der gesuchte Funktionswert lg 6,2 auf drei Dezimalstellen genau zu $\lg 6{,}2 = 0{,}792$.

→ Ü149

Ü 24

Lösung:

zu a)

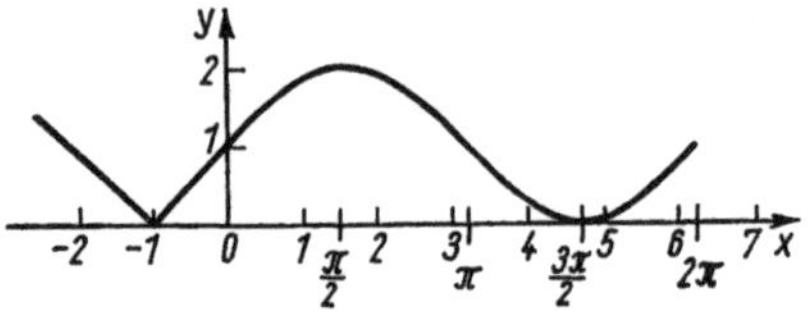

Abb. 43

zu b)

$f(x)$ in	stetig	nicht stetig	differenzierbar	nicht differenzierbar
$x_0 = -1$	×			×
$x_1 = 0$	×		×	

! Entscheiden Sie!

Meine Antworten sind richtig. ——▶ Ü27

Ich habe bei der Untersuchung an der Stelle $x_0 = -1$ einen Fehler gemacht. ——▶ Ü25

Ich habe bei der Untersuchung an der Stelle $x_1 = 0$ einen Fehler gemacht. ——▶ Ü26

Ü 65

Lösungen:

a) $f'(x_0) = \frac{2e^{x_0}}{(e^{x_0}+1)^2}, \quad x_0 \in R,$

b) $f'(x_0) = -\frac{\ln x_0}{x_0^2}, \quad x_0 > 0,$

c) $f'(x_0) = \frac{2(\sin x_0 - x_0 \cos x_0)}{(x_0 + \sin x_0)^2}, \quad x_0 + \sin x_0 \neq 0.$

Weiter im Darbietungsprogramm! ——▶ K_5, Seite 97

$$\frac{dx}{dw} = \frac{1}{\beta^2 g} \cdot \frac{1}{w},$$

Ü 106

$$\frac{dw}{du} = \sinh u,$$

$$\frac{du}{dt} = \beta g.$$

Es gilt

$$v = \frac{dx}{dt} = \frac{dx}{dw} \cdot \frac{dw}{du} \cdot \frac{du}{dt},$$

somit ergibt sich unter Beachtung von $\frac{\sinh x}{\cosh x} = \tanh x$

und $\quad x = \frac{1}{\beta^2 g} \ln w + c, \; c = \text{const.}, \; w = \cosh u,$

$$u = \operatorname{artanh} \beta v_0 + \beta g t,$$

die Ableitung

$$v = \frac{dx}{dt} = \ldots\ldots\ldots\ldots\ldots\ldots$$

→ Ü104

Ü 146

Hinweis: Wir wenden den Mittelwertsatz in der Form

$$f(x_0 + h) = f(x_0) + h \cdot f'(x_0 + \vartheta h), \; \vartheta \in (0,1),$$

auf die gegebene Funktion $f(x) = \lg x$ für $x_0 = 6$ und $h = 0{,}2$ an.

Bestimmen Sie:

a) $f(x) = \ldots\ldots\ldots$, d) $f(x_0) = \ldots\ldots\ldots$,

b) $f'(x) = \ldots\ldots\ldots$, e) $f(x_0 + h) = \ldots\ldots\ldots$,

c) $x_0 + h = \ldots\ldots\ldots$, f) $f'(x_0 + \vartheta h) = \ldots\ldots\ldots$.

Die 1. Ableitung von $\lg x$ finden Sie im zugehörigen Darbietungsprogramm (Anhang, Seite 116), der gerundete Wert für $\lg e$ ist 0,4343.

→ Ü147

Ü 25

Die in Ü23 gegebene Funktion $f(x)$ ist an der Stelle $x_0 = -1$ stetig, da dort der Funktionswert mit dem Grenzwert übereinstimmt. Die Funktion ist dort nicht differenzierbar, da offensichtlich im Punkt $(-1, f(-1))$ keine Tangente an das Bild der Funktion (vgl. Abb. 43, Ü24) gelegt werden kann. Wenn bei Ihrer Entscheidung in Ü23 auch ein Fehler an der Stelle $x_1 = 0$ auftrat,

dann ⟶ Ü26

andernfalls ⟶ Ü27

Ü 66

5. Kettenregel

Aufgabe:

Differenzieren Sie die Funktion

$$F(x) = \sqrt[4]{x^2 - 5x}, \quad x > 5,$$

an der Stelle x_0!

Danach ⟶ Ü67

$$v = \frac{dx}{dt} = \frac{1}{\beta^2 g} \ln w.$$

Ü 107

Bei der Differentiation haben wir also zu beachten, daß es sich bei der gegebenen Funktion x um eine zusammengesetzte Funktion handelt, bei deren Differentiation infolgedessen die Kettenregel anzuwenden ist. Es gilt

$$v = \frac{dx}{dt} = \frac{dx}{dw} \cdot \frac{dw}{du} \cdot \frac{du}{dt} \, .$$

Bestimmen Sie aus

$$x = \frac{1}{\beta^2 g} \ln w + c, \quad c = x_0 - \frac{1}{\beta^2 g} \ln [\cosh (\operatorname{artanh} \beta v_0)],$$

$$w = \cosh u, \qquad u = \operatorname{artanh} \beta v_0 + \beta g t$$

$$\frac{dx}{dw} = \ldots\ldots\ldots\ldots\ldots\ldots ,$$

$$\frac{dw}{du} = \ldots\ldots\ldots\ldots\ldots\ldots ,$$

$$\frac{du}{dt} = \ldots\ldots\ldots\ldots\ldots\ldots .$$

→ Ü106

Ü 147

a) $f(x) = \lg x,$

b) $f'(x) = \frac{\lg e}{x},$

c) $x_0 + h = 6{,}2,$

d) $f(x_0) = \lg 6,$

e) $f(x_0 + h) = \lg 6{,}2,$

f) $f'(x_0 + \vartheta h) = \frac{\lg e}{6 + \vartheta \cdot 0{,}2}.$

! Arbeiten Sie selbständig in Ihrem Arbeitsheft weiter, indem Sie die unter a) bis f) gefundenen Ausdrücke in die Formel des Mittelwertsatzes (siehe Ü146) einsetzen und dann den Fehler abschätzen!

Bemerkung: Wenn Ihnen die Lösung als zu schwierig erscheint, dann empfehlen wir Ihnen das Studium der Lehrschritte 145 bis 147, Seite 75 ff. im Darbietungsprogramm, anschließend arbeiten Sie hier weiter.

Anschließend → Ü148

Ü 26

Die in **Ü23** gegebene Funktion $f(x)$ ist an der Stelle $x_1 = 0$ stetig, da dort der Funktionswert mit dem Grenzwert übereinstimmt. Die Funktion ist dort auch differenzierbar, da an dieser Stelle die linksseitige und rechtsseitige Ableitung existieren und übereinstimmen.

Wenn bei Ihrer Entscheidung in **Ü23** auch ein Fehler an der Stelle $x_0 = -1$ auftrat,

dann → **Ü25**

andernfalls → **Ü27**

Ü 67

! Vergleichen Sie Ihr Ergebnis mit dem folgenden Lösungsangebot:

$$F'(x_0) = \frac{1}{4}(x_0^2 - 5x_0)^{-\frac{3}{4}}$$ → **Ü68**

$$F'(x_0) = \frac{1}{4}(x_0^2 - 5x_0)^{-\frac{3}{4}} \cdot (2x_0 - 5)$$ → **Ü69**

$$F'(x_0) = \frac{1}{4}(2x_0 - 5) \cdot \sqrt{(x_0^2 - 5x_0)^3}$$ → **Ü70**

$$F'(x_0) = \frac{2x_0 - 5}{4\sqrt[4]{(x_0^2 - 5x_0)^3}}$$ → **Ü71**

$$F'(x_0) = \frac{1}{4}(2x_0 - 5) \cdot \sqrt[4]{\frac{1}{(x_0^2 - 5x_0)^3}}$$ → **Ü72**

Ich erhalte kein oder ein anderes Ergebnis. → **Ü73**

Ü 108

$$v = \frac{dx}{dt} = \frac{1}{\beta} \cdot \tanh\,(\text{artanh}\ \beta v_0 + \beta g t).$$

Wenn Sie diese Lösung nicht erhalten haben ⟶ **Ü97, Seite 147**

Sonst weiter im Darbietungsprogramm ⟶ **Z_6, Seite 111**

Ü 148

Vergleichen Sie Ihr Ergebnis mit dem folgenden:

Wir wenden den Mittelwertsatz (Satz von Lagrange) an in der Form

$$f(x_0 + h) = f(x_0) + hf'(x_0 + \vartheta h), \quad \vartheta \in (0,1),$$

und zwar auf die gegebene Funktion $f(x) = \lg x$ mit $x_0 = 6$ und $h = 0{,}2$:

$$\lg 6{,}2 = \lg 6 + \frac{0{,}2 \cdot \lg e}{6 + \vartheta \cdot 0{,}2}.$$

Ersetzt man ϑ durch die Werte 0 und 1, so ergibt sich

$$\lg 6 + \frac{0{,}2 \cdot \lg e}{6{,}2} < \lg 6{,}2 < \lg 6 + \frac{0{,}2 \lg e}{6}$$

oder

$$0{,}79216 < \lg 6{,}2 < 0{,}79263.$$

Daraus folgt für den gesuchten Funktionswert lg 6,2 auf drei Dezimalstellen genau $\lg 6{,}2 = 0{,}792$.

Falls Sie ein anderes Ergebnis erhalten haben,

dann ⟶ **Ü142**

sonst ⟶ **Ü149**

Ü 27

Wir wollen nun analytisch zeigen, daß

$$f(x) = \begin{cases} 1 + \sin x \text{ für } x > 0, \\ |x + 1| \quad \text{für } x \leqq 0 \end{cases}$$

in $x_0 = -1$ nicht differenzierbar, in $x_1 = 0$ differenzierbar, aber an beiden Stellen stetig ist.

Bestimmen Sie:

$f(-1) = \ldots\ldots\ldots\ldots\ldots\ldots,$ $\qquad f(0) = \ldots\ldots\ldots\ldots\ldots\ldots,$

$\lim\limits_{h\to+0} f(-1 + h) = \ldots\ldots\ldots\ldots,$ $\qquad \lim\limits_{h\to+0} f(0 + h) = \ldots\ldots\ldots\ldots,$

$\lim\limits_{h\to-0} f(-1 + h) = \ldots\ldots\ldots\ldots,$ $\qquad \lim\limits_{h\to-0} f(0 + h) = \ldots\ldots\ldots\ldots.$

→ Ü28

Ü 68

Falsch!

Sie haben nicht erkannt, daß es sich bei der gegebenen Funktion um eine zusammengesetzte Funktion handelt. Beim Differenzieren haben Sie die Ableitung der „inneren" Funktion nicht berücksichtigt.
Versuchen Sie die Lösung der Aufgabe erneut!

Anschließend → Ü67

Ü 109

7. Höhere Ableitungen

Aufgabe:

Bestimmen Sie die dritte Ableitung der Funktion

$$f(x) = e^{x^2+x+1}, \quad x \in \mathsf{R},$$

an der beliebigen Stelle x.

! Entscheiden Sie!

Ich möchte diese Aufgabe selbständig in meinem Arbeitsheft lösen und dann das Ergebnis vergleichen. ———▸ Ü124, Seite 121

Ich möchte diese Aufgabe schrittweise mit einigen Hinweisen lösen. ———▸ Ü110

Ü 149

Wir bearbeiten eine weitere

Aufgabe:

Beweisen Sie mit Hilfe des Mittelwertsatzes der Differentialrechnung die Ungleichung

$$\ln(1 + x) < x, \quad x > 0.$$

Veranschaulichen Sie den Sachverhalt geometrisch!

! Entscheiden Sie!

Ich möchte den Beweis selbständig in meinem Arbeitsheft führen und dann vergleichen. ———▸ Ü155

Ich kann die Aufgabe nicht lösen. ———▸ Ü150

Ü 28

$f(-1) = 0,$ $\qquad$ $f(0) = 1,$

$\lim\limits_{h \to +0} f(-1 + h) = 0,$ $\qquad$ $\lim\limits_{h \to +0} f(0 + h) = \lim\limits_{h \to +0} (1 + \sin(0 + h)) = 1,$

$\lim\limits_{h \to -0} f(-1 + h) = 0,$ $\qquad$ $\lim\limits_{h \to -0} f(0 + h) = \lim\limits_{h \to -0} (0 + h + 1) = 1.$

Also ist $f(x)$ in $x_0 = -1$ und $x_1 = 0$ stetig.

Bestimmen Sie für die betrachtete Funktion $f(x) = \begin{cases} 1 + \sin x & \text{für } x > 0, \\ |x + 1| & \text{für } x \leqq 0 \end{cases}$

$f_l'(-1) = \ldots\ldots\ldots\ldots\ldots\ldots ,$

$f_r'(-1) = \ldots\ldots\ldots\ldots\ldots\ldots ,$

$f_l'(0) \quad = \ldots\ldots\ldots\ldots\ldots\ldots ,$

$f_r'(0) \quad = \ldots\ldots\ldots\ldots\ldots\ldots .$

→ Ü29

Ü 69

Das ist ein richtiges Ergebnis!

Das Ergebnis $F'(x_0) = \frac{1}{4} (x_0^2 - 5x_0)^{-\frac{3}{4}} \cdot (2x_0 - 5)$ läßt sich noch umformen, wenn man für die Potenz die Wurzelschreibweise verwendet.

! Entscheiden Sie!

Ich kann die Umformung selbständig führen! → Ü75

Ich benötige zur Umformung einen Hinweis! → Ü74

Ü 110

Bestimmen Sie zunächst von der gegebenen Funktion

$$f(x) = e^{x^2+x+1}, \quad x \in \mathbf{R},$$

die erste Ableitung. Dabei ergibt sich

$$f'(x) = \ldots\ldots\ldots\ldots\ldots .$$

————▸ Ü111

Ü 150

Nachdem wir den Mittelwertsatz in den vorangehenden Aufgaben auf numerische Probleme anwandten, dient die gegebene Aufgabe dazu, diesen wichtigen Satz zum Beweis von Aussagen heranzuziehen. Hierin liegt auch die eigentliche Bedeutung des Mittelwertsatzes. Wenn Sie die folgenden Lehreinheiten konzentriert und aufmerksam durcharbeiten, werden Sie ohne Schwierigkeiten die gestellte Aufgabe lösen und zugleich Freude am „Beweisen" haben.

Wir wenden den Mittelwertsatz in der Form

$$f(x_0 + h) = f(x_0) + hf'(x_0 + \vartheta h), \quad \vartheta \in (0, 1),$$

auf die Funktion

$$f(x) = \ln(1 + x), \quad x \in (-1, \infty),$$

an.

————▸ Ü151

Ü 29

$$f_l'(-1) = \lim_{h\to -0} \frac{f(-1+h)-f(-1)}{h}$$

$$= \lim_{h\to -0} \frac{|-1+h+1|-|-1+1|}{h} = -1,$$

$$f_r'(-1) = \lim_{h\to +0} \frac{f(-1+h)-f(-1)}{h}$$

$$= \lim_{h\to +0} \frac{|-1+h+1|-|-1+1|}{h} = 1,$$

$$f_l'(0) = \lim_{h\to -0} \frac{f(h)-f(0)}{h} = \lim_{h\to -0} \frac{|h+1|-1}{h} = 1,$$

$$f_r'(0) = \lim_{h\to +0} \frac{f(h)-f(0)}{h} = \lim_{h\to +0} \frac{(1+\sin h)-1-\sin 0}{h} = 1.$$

Also ist $f(x)$ in $x_0 = -1$ nicht differenzierbar (wegen $f_l'(-1) \neq f_r'(-1)$), aber in $x_1 = 0$ differenzierbar.
Damit möchten wir die programmierten Übungen zum Abschnitt „Stetigkeit und Differenzierbarkeit" abschließen.
Wenn Sie bisher sorgfältig gearbeitet haben, dürfte es Ihnen nicht schwerfallen, auch bei anderen Funktionen richtig zu entscheiden, ob Stetigkeit bzw. Differenzierbarkeit an der Stelle x_0 vorliegen.

! Arbeiten Sie im Darbietungsprogramm weiter!

——→ Z_2, Seite 110

Ü 70

Falsch!

Sie haben vermutlich beim Umformen des Potenzausdruckes in die Wurzelschreibweise einen Fehler gemacht.

Wir geben Ihnen einen Hinweis! ——— Ü74

Ü 111

Welche der angegebenen Ergebnisse erhielten Sie für die erste Ableitung?

$f'(x) = (2x + 1) \cdot e^{x^2+x+1}$ ——→ Ü114

$f'(x) = e^{x^2+x+1}$ ——→ Ü112

Kein oder ein anderes Ergebnis ——→ Ü113

Ü 151

Bestimmen Sie von der Funktion $f(x) = \ln(1 + x)$, $x \in (-1, \infty)$, für die Stelle $x_0 = 0$ und für den Argumentzuwachs $h = x$:

$x_0 + h \quad = \ldots\ldots\ldots\ldots\ldots\ldots,$

$f(x_0) \quad = \ldots\ldots\ldots\ldots\ldots\ldots,$

$f(x_0 + h) = \ldots\ldots\ldots\ldots\ldots\ldots,$

$f'(x) \quad = \ldots\ldots\ldots\ldots\ldots\ldots,$

$f'(x_0 + \vartheta h) = \ldots\ldots\ldots\ldots\ldots\ldots.$

——→ Ü152

Ü 30

3. Produktregel

Aufgabe:

Bestimmen Sie die erste Ableitung der Funktion

$$f(x) = x^2 (1 - x^2)(1 + x^2), \quad x \in \mathbf{R},$$

an einer beliebigen Stelle x_0 mit Hilfe der Produktregel!

! Entscheiden Sie:

Ich möchte diese Aufgabe selbständig in meinem Arbeitsheft lösen und das Ergebnis anschließend vergleichen. → Ü32

Ich benötige einen Hinweis. → Ü31

Ü 71

Sehr gut!

Ihr Ergebnis ist richtig! ______________

Als nächste Aufgabe wollen wir eine transzendente Funktion differenzieren.

→ Ü75

Ü 112

Ihr Ergebnis ist nicht richtig.

Wir geben Ihnen daher einen Hinweis:

Bei der Differentiation der Funktion $f(x) = e^{x^2+x+1}$ ist zu beachten, daß es sich um eine zusammengesetzte Funktion handelt (also ist die Kettenregel anzuwenden!).

Bestimmen Sie nochmals $f'(x)$.

$f'(x) = \ldots\ldots\ldots\ldots\ldots\ldots$

Dann ⟶ **Ü115**

Ü 152

$$x_0 + h = x,$$

$$f(x_0) = \ln 1 = 0,$$

$$f(x_0 + h) = \ln(1 + x),$$

$$f'(x) = \frac{1}{1+x},$$

$$f'(x_0 + \vartheta h) = \frac{1}{1+\vartheta h}.$$

Anwendung des Mittelwertsatzes (vgl. **Ü150**) ergibt

$\ln(1 + x) = \ldots\ldots\ldots\ldots\ldots\ldots\ldots\ldots$

⟶ **Ü153**

Ü 31

Hinweis: Formen Sie die gegebene Funktion

$$f(x) = x^2 (1 - x^2)(1 + x^2), \quad x \in \mathbf{R},$$

unter Verwendung von $(1 - x^2)(1 + x^2) = 1 - x^4$ in ein Produkt von zwei Faktoren um und differenzieren Sie anschließend nach der Produktregel!

Wir erhalten

$$f'(x_0) = \ldots\ldots\ldots\ldots\ldots .$$

————▸ Ü32

Ü 72

Das ist ein richtiges Ergebnis!

Die von Ihnen angegebene Lösung läßt sich noch umformen.

! Führen Sie diese Umformung durch!

$$F'(x_0) = \ldots\ldots\ldots\ldots\ldots\ldots .$$

Anschließend ————▸ Ü75

Ü 113

Setzen Sie $u(x) = x^2 + x + 1$.

Dann folgt aus

$$f(x) = e^u$$

und $u' = \frac{du}{dx} = \ldots\ldots\ldots\ldots\ldots\ldots\ldots$

unmittelbar

$$f'(x) = e^u \cdot u' = \ldots\ldots\ldots\ldots$$

→ Ü116

Ü 153

$$\ln(1 + x) = x \cdot \frac{1}{1 + \vartheta x}, \quad \vartheta \in (0,1), \quad x \in (-1, \infty). \qquad (*)$$

Wenn wir uns auf positive x beschränken, so läßt sich wegen $1 + \vartheta x > 1$ die rechte Seite von (*) nach oben abschätzen gemäß

$$\frac{x}{1 + \vartheta x}, \quad \vartheta \in (0,1), \quad x > 0.$$

Damit erhalten wir $\forall x > 0$ die gesuchte Ungleichung

$$\ln(1 + x) < x.$$

! Veranschaulichen Sie diese Ungleichung in einem rechtwinkligen Koordinatensystem!

Anschließend → Ü154

Ü 32

Das richtige Ergebnis lautet

$$f'(x_0) = 2x_0 - 6x_0^5 = 2x_0(1 - 3x_0^4).$$

Bemerkung: Das Ergebnis erhält man auch, wenn man in der gegebenen Funktion $f(x)$ die Faktoren miteinander multipliziert und anschließend differenziert.
Sollten Sie dieses Ergebnis nicht erhalten haben,

dann ⟶ Ü31

sonst ⟶ Ü33

Ü 73

Wir lösen die Aufgabe schrittweise.
Verwenden Sie die Potenzschreibweise bei der Darstellung der gegebenen Funktion

$$F(x) = \sqrt[4]{x^2 - 5x}, \quad x > 5.$$

$$F(x) = \dots\dots\dots\dots\dots$$

⟶ Ü76

Ü 114

Richtig!

Sie haben erkannt, daß es sich bei der gegebenen Funktion $f(x)$ um eine zusammengesetzte Funktion handelt und die Kettenregel anzuwenden ist.

Wenn Sie auch weiterhin sorgfältig und aufmerksam arbeiten, werden Sie dieses Programm gewiß auf dem kürzesten Wege und mit gutem Erfolg durcharbeiten.
Bestimmen Sie nun

$$f''(x) = \dots\dots\dots\dots\dots\dots\dots$$

Anschließend ——▸ Ü117

Ü 154

Veranschaulichung:

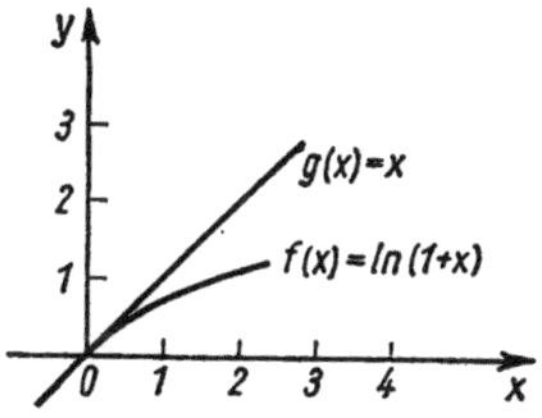

Abb. 46

Aus Abb. 46 ist ersichtlich, daß die Funktionswerte von $f(x) = \ln(1 + x)$, $x > 0$, stets kleiner sind als die der Funktion $g(x) = x$, $x > 0$.

Falls Sie den Beweis der gegebenen Ungleichung noch einmal zusammenhängend dargestellt haben wollen ——▸ Ü155

Falls Sie eine weitere Aufgabe mit wenigen Hinweisen lösen wollen ——▸ Ü157

Andernfalls sind Sie am Ende des Darbietungs- und Übungsprogramms angekommen.
Wir wünschen Ihnen für die weitere Arbeit viel Erfolg!

Ü 33

Wir lösen eine andere

Aufgabe:

Berechnen Sie die Ableitung der Funktion
$f(x) = \cos x \cdot \cot x,\ x \neq n\pi,\ n \in \mathsf{G}$,
an der Stelle x_0.

! Entscheiden Sie sich für eine der folgenden Aussagen:

$$f'(x_0) = -\sin x_0 \cdot \cot x_0 + \cos x_0 \cdot \frac{1}{-\sin^2 x_0}$$ → Ü3

$$f'(x_0) = -\sin x_0 \cdot \left(-\frac{1}{\sin^2 x_0}\right)$$ → Ü35

$$f'(x_0) = -\sin x_0 \cdot \cot x_0 - \cot x_0 \cdot \frac{1}{\sin x_0}$$ → Ü34

$$f'(x_0) = -\cot x_0 \cdot \left(\sin x_0 + \frac{1}{\sin x_0}\right)$$ → Ü36

Ich erhalte kein bzw. ein anderes Ergebnis. → Ü37

Ü 74

Wir erinnern Sie an folgende Definitionen:

$$a^{-k} = \frac{1}{a^k}, \quad a \neq 0, \quad k \in \mathsf{G},$$

$$a^{\frac{m}{n}} = \sqrt[n]{a^m}, \ a > 0,\ a \in \mathsf{R};\ m, n \in \mathsf{G},\ n > 0.$$

Damit ergibt sich für die gegebene Funktion $F(x) = \sqrt[4]{x^2 - 5x}$, $x > 5$, die Ableitung

$F'(x_0) = \dots\dots\dots\dots\dots\dots$.

→ Ü75

Ü 115

$$f'(x) = (2x + 1)e^{x^2+x+1}$$

Wenn Sie diese Lösung gefunden haben,

dann ⟶ Ü116

sonst ⟶ Ü113

Ü 155

Behauptung: $\ln(1 + x) < x$ für $x > 0$.

Beweis: Wenn wir den Mittelwertsatz in der Form

$$f(x_0 + h) = f(x_0) + h \cdot f'(x_0 + \vartheta h), \quad \vartheta \in (0, 1),$$

auf die Funktion

$$f(x) = \ln(1 + x), \quad x \in (-1, \infty), \quad \text{für } x_0 = 0 \text{ und } h = x$$

anwenden, so folgt

$$\ln(1 + x) = \frac{x}{1 + \vartheta x}, \quad \vartheta \in (0, 1), \quad x \in (-1, \infty).$$

Wegen

$$\frac{x}{1 + \vartheta x} < x \quad \text{für } x > 0$$

ergibt sich

$$\ln(1 + x) < x \quad \text{für } x > 0.$$

Zur geometrischen Veranschaulichung des Sachverhalts dient Abb. 46 Ü154.

⟶ Ü156

Ü 34

Richtig!

Das Ergebnis läßt sich noch weiter vereinfachen.
Klammern Sie in dem Ausdruck

$$-\sin x_0 \cdot \cot x_0 - \cot x_0 \cdot \frac{1}{\sin x_0}$$

den Faktor $-\cot x_0$ aus!

Es ergibt sich

$$f'(x_0) = -\cot x_0 \, (\ldots\ldots\ldots\ldots\ldots\ldots).$$

→ Ü40

Ü 75

$$F'(x_0) = \frac{2x-5}{4\sqrt[4]{(x_0^2 - 5x_0)^3}}$$

Aufgabe:

Differenzieren Sie die folgende Funktion an der Stelle x_0:

$$F(x) = \ln \cos x + \frac{1}{2}\tan^2 x, \quad x \in \left(-\frac{\pi}{2}, \frac{\pi}{2}\right).$$

Stellen Sie das Ergebnis in möglichst einfacher Form dar!

$$F'(x_0) = \ldots\ldots\ldots\ldots$$

Anschließend → Ü79

Ü 116

$$u' = \frac{du}{dx} = 2x + 1,$$

$$f'(x) = (2x + 1)\, e^{x^2+x+1}$$

(In e^u wurde u wieder durch den Term $x^2 + x + 1$ ersetzt).

Beachten Sie die gegebenen Hinweise (siehe **Ü112**) auch beim weiteren Vorgehen!

Bestimmen Sie nun

$$f''(x) = \ldots\ldots\ldots\ldots\ldots$$

Dann ——→ **Ü117**

Ü 156

Vergleichen Sie Ihren Beweis mit der in **Ü155** gegebenen Beweisführung!
Wenn Ihr Beweis Mängel aufweist ——→ **Ü150**

Falls das nicht der Fall ist und Sie eine weitere Aufgabe lösen möchten ——→ **Ü157**

Andernfalls sind Sie am Ende des Darbietungs- und Übungsprogramms angekommen.

Wir wünschen Ihnen für die weitere Arbeit viel Erfolg!

Ü 35

Falsch!

Bei der gegebenen Funktion $f(x) = \cos x \cdot \cot x$, $x \neq n\pi$, $n \in G$, handelt es sich um ein Produkt von zwei Funktionen!
Wenden Sie daher die Produktregel zur Berechnung von $f'(x_0)$ an!
Im allgemeinen Falle gilt (vgl. Lehrschritt 42, Seite 18):

$$p(x) = f_1(x) \cdot f_2(x); \quad p'(x) = f_1'(x) \cdot f_2(x) + f_1(x) \cdot f_2'(x).$$

Versuchen Sie nun erneut die Lösung der gestellten Aufgabe!

→ Ü33

Ü 76

$$F(x) = (x^2 - 5x)^{\frac{1}{4}}$$

$F(x)$ ist eine zusammengesetzte Funktion der Form

$$F(x) = f(g(x)).$$

Wir setzen

$z = g(x) = \dots\dots\dots\dots$ (innere Funktion),

$f(z) = \dots\dots\dots\dots$ (äußere Funktion).

Zusammengesetzte Funktionen werden nach der Kettenregel $F'(x_0) = f'(z_0)\, g'(x_0)$ mit $z_0 = g(x_0)$ („Ableitung der äußeren Funktion, multipliziert mit der Ableitung der inneren Funktion“) differenziert.

Es gilt

$f'(z_0) = \dots\dots\dots\dots,$

$g'(x_0) = \dots\dots\dots\dots,$

$F'(x_0) = \dots\dots\dots\dots$

→ Ü77

Ü 117

! Entscheiden Sie sich für eine der folgenden Aussagen!

$f''(x) = 2e^{x^2+x+1} + (2x+1)^2 e^{x^2+x+1}$ ⟶ Ü118

$f''(x) = (2 + (2x+1)^2) e^{x^2+x+1}$ ⟶ Ü119

$f''(x) = (2 + (2x+1)) e^{x^2+x+1}$ ⟶ Ü120

$f''(x) = (4x^2 + 4x + 3) e^{x^2+x+1}$ ⟶ Ü125, Seite 123

Ich erhalte kein bzw. ein anderes Ergebnis ⟶ Ü121, Seite 195

Ü 157

Aufgabe:

Beweisen Sie mit Hilfe des Mittelwertsatzes der Differentialrechnung die Ungleichung

$$e^x \geqq 1 + x, \quad x \in \mathbb{R}. \qquad (*)$$

Veranschaulichen Sie den Sachverhalt geometrisch!

! Entscheiden Sie dann!

Ich möchte diesen Beweis selbständig in meinem Arbeitsheft führen. ⟶ Ü159

Ich benötige Hinweise für den Beweis. ⟶ Ü158

Ü 36

Richtig!

Sie haben sehr gut gearbeitet.
Offenbar geht es nicht darum, eine Aufgabe schlechthin zu lösen, sondern ebenso wichtig ist das Bemühen um eine möglichst einfache Darstellung der gefundenen Lösung.
Für die Festigung Ihrer Kenntnisse ist die Lösung weiterer Aufgaben nützlich. Wenn Sie diesen Hinweis befolgen wollen,

dann ——→ Ü41

sonst weiter im Darbietungsprogramm ——→ K_4, Seite 95

Ü 77

$$z = g(x) = x^2 - 5x,$$

$$f(z) = z^{\frac{1}{4}}.$$

$$f'(z_0) = \frac{1}{4} z_0^{-\frac{3}{4}},$$

$$g'(x_0) = 2x_0 - 5,$$

$$F'(x_0) = \frac{1}{4} (x_0^2 - 5x_0)^{-\frac{3}{4}} (2x_0 - 5).$$

Die in dem für $F'(x_0)$ gefundenen Ausdruck auftretende Potenz $(x_0^2 - 5x_0)^{-\frac{3}{4}}$ schreiben wir in Form einer Wurzel.
Wir erhalten

$$(x_0^2 - 5x_0)^{-\frac{3}{4}} = \ldots\ldots\ldots\ldots$$

——→ Ü78

Ü 118

Sie haben richtig differenziert.

Vereinfachen Sie den für $f''(x)$ erhaltenen Ausdruck

$$f''(x) = 2e^{x^2+x+1} + (2x+1)^2 \cdot e^{x^2+x+1}.$$

Es ergibt sich

$$f''(x) = \ldots\ldots\ldots\ldots\ldots .$$

Vergleichen Sie erneut! ———→ Ü117

Ü 158

Hinweise:

1) Führen Sie den Beweis unter Anwendung des Mittelwertsatzes analog der Aufgabe in Ü149.

2) Führen Sie eine Fallunterscheidung durch mit

Fall 1: $x \geqq 0$,

Fall 2: $x < 0$.

! Versuchen Sie nun, die Lösung der Aufgabe selbständig durchzuführen!

Erst danach ———→ Ü159

Ü 37

Wir lösen die Aufgabe schrittweise.

Bei der Differentiation der gegebenen Funktion

$$f(x) = \cos x \cdot \cot x, \quad x \neq n\pi, \; n \in \mathbf{G},$$

wenden wir die „Produktregel“

$$(f_1 f_2)' = f_1' f_2 + f_1 f_2'$$

an.

Berechnen Sie an der Stelle x_0:

$$f_1\,(x_0) = \ldots\ldots\ldots\ldots,$$

$$f_2\,(x_0) = \ldots\ldots\ldots\ldots,$$

$$f_1'(x_0) = \ldots\ldots\ldots\ldots,$$

$$f_2'(x^0) = \ldots\ldots\ldots\ldots,$$

$$f'\,(x_0) = \ldots\ldots\ldots\ldots.$$

Anschließend ——→ Ü38

Ü 78

$$(x_0^2 - 5x_0)^{-\frac{3}{4}} = \frac{1}{\sqrt[4]{(x_0^2 - 5x_0)^3}}.$$

Damit ergibt sich für die Funktion

$$F(x) = \sqrt[4]{x^2 - 5x}, \quad x > 5,$$

die Ableitung

$$F'(x_0) = \ldots\ldots\ldots\ldots.$$

——→ Ü75

Ü 119

Richtig!

Bestimmen Sie nun aus $f''(x) = (2 + (2x + 1)^2)\, e^{x^2+x+1}$ die dritte Ableitung

$$f'''(x) = \dots\dots\dots\dots !$$

Anschließend ——→ Ü124, Seite 121

Ü 159

! Vergleichen Sie Ihre Beweisführung mit der folgenden:

Behauptung: $e^x \geqq 1 + x, \quad x \in \mathsf{R}.$

Beweis: Wir wenden den Mittelwertsatz in der Form

$$f(x_0 + h) = f(x_0) + h \cdot f'(x_0 + \vartheta h), \quad \vartheta \in (0, 1),$$

auf die Funktion

$$f(x) = e^x, \quad x \in \mathsf{R}, \quad \text{für } x_0 = 0 \text{ und } h = x \text{ an.}$$

Dann folgt

$$e^x = 1 + x \cdot e^{\vartheta x}, \quad \vartheta \in (0, 1), \quad x \in \mathsf{R}.$$

——→ Ü160

Ü 38

$$f_1(x_0) = \cos x_0,$$

$$f_2(x_0) = \cot x_0,$$

$$f_1'(x_0) = -\sin x_0,$$

$$f_2'(x_0) = \frac{-1}{\sin^2 x_0},$$

$$f'(x_0) = -\sin x_0 \cdot \cot x_0 - \cos x_0 \cdot \frac{1}{\sin^2 x_0}.$$

Dieses Ergebnis läßt sich noch vereinfachen, denn für den zweiten Summanden können wir schreiben

$$-\cos x_0 \cdot \frac{1}{\sin^2 x_0} = -\frac{\cos x_0}{\sin x_0} \cdot \frac{1}{\sin x_0} = -\cot x_0 \cdot \frac{1}{\sin x_0}$$

und damit folgt

$f'(x_0) = \dots\dots\dots\dots\dots\dots\dots$ ——→ Ü39

Ü 79

! Vergleichen Sie Ihr Ergebnis mit folgendem Lösungsangebot:

$F'(x_0) = -\dfrac{\sin x_0}{\cos x_0} + \dfrac{\tan x_0}{\cos^2 x_0}$ ——→ Ü80

$F'(x_0) = \dfrac{1}{\cos x_0} + \tan x_0$ ——→ Ü81

$F'(x_0) = \dfrac{-\sin x_0 \cos x_0 + \tan x_0}{\cos^2 x_0}$ ——→ Ü80

$F'(x_0) = \tan^3 x_0$ ——→ Ü82

$F'(x_0) = \tan x_0 \left(\dfrac{1}{\cos^2 x_0} - 1\right)$ ——→ Ü83, Seite 119

Ich erhalte kein bzw. ein anderes Ergebnis. ——→ Ü85, Seite 123

Ü 120

Ihr Ergebnis ist nicht richtig.

Hinweis: $f'(x) = (2x + 1)\,e^{x^2+x+1}$ ist eine zusammengesetzte Funktion. Infolgedessen ist die Kettenregel anzuwenden!
Versuchen Sie die Lösung erneut!

$f''(x) = \dots\dots\dots\dots\dots\dots\dots$

→ Ü117

Ü 160

Fall 1: $x \geqq 0$.

Dann gilt wegen	$\vartheta x \geqq 0$
offenbar	$e^{\vartheta x} \geqq e^0 = 1$.
Daraus folgt	$1 + xe^{\vartheta x} \geqq 1 + x$
und damit	$e^x \geqq 1 + x, \; x \geqq 0$.

Fall 2: $x < 0$.

Dann gilt wegen	$\vartheta x < 0$
offenbar	$e^{\vartheta x} < e^0 = 1$.
Daraus folgt	$xe^{\vartheta x} > x$
und schließlich	$1 + xe^{\vartheta x} > 1 + x$.
Somit erhalten wir	$e^x > 1 + x, \quad x < 0$.

! Daraus folgt die Richtigkeit der gegebenen Ungleichung $e^x \geqq 1 + x, x \in \mathbf{R}$. Veranschaulichen Sie deren Aussage in einem rechtwinkligen kartesischen Koordinatensystem!

→ Ü161

Ü 39

$$f'(x_0) = -\sin x_0 \cdot \cot x_0 - \cot x_0 \cdot \frac{1}{\sin x_0}$$

Klammern Sie in dem gefundenen Ausdruck den gemeinsamen Faktor aus! Damit ergibt sich

$$f'(x_0) = \ldots\ldots\ldots\ldots\ldots\ldots$$

→ Ü40

Ü 80

Das Ergebnis ist richtig.

Die Lösung

$$F'(x_0) = -\frac{\sin x_0}{\cos x_0} + \frac{\tan x_0}{\cos^2 x_0}$$

$$= \frac{-\sin x_0 \cos x_0 + \tan x_0}{\cos^2 x_0}$$

kann noch vereinfacht werden unter Verwendung von

$$\tan x = \frac{\sin x}{\cos x}$$

und

$$\frac{1}{\cos^2 x} = 1 + \tan^2 x.$$

Damit ergibt sich aus $F(x) = \ln \cos x + \frac{1}{2} \tan^2 x,\ x \in \left(-\frac{\pi}{2}, \frac{\pi}{2}\right)$,

$$F'(x_0) = \ldots\ldots\ldots\ldots\ldots\ldots$$

→ Ü84, Seite 121

Ü 121

Wir lösen die Aufgabe schrittweise.
Die zu differenzierende Funktion heißt

$$f'(x) = (2x + 1)e^{x^2+x+1}.$$

Zunächst wenden wir die Produkt- bzw. Kettenregel an und erhalten

$$f''(x) = 2e^{x^2+x+1} + e^{x^2+x+1}(2x + 1)(2x + 1).$$

→ Ü122

Ü 161

Geometrische Veranschaulichung:

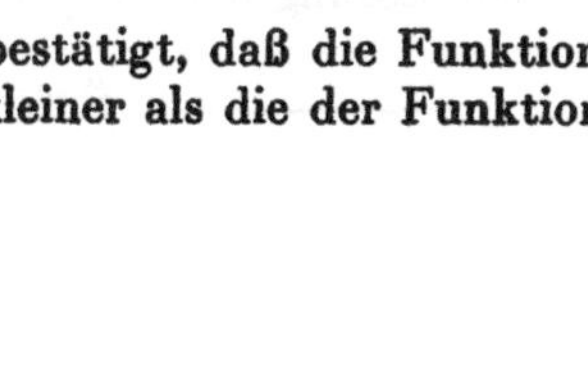

Abb. 47

Abb. 47 bestätigt, daß die Funktionswerte der Funktion $f(x) = e^x$, $x \in \mathsf{R}$, niemals kleiner als die der Funktion $g(x) = 1 + x$, $x \in \mathsf{R}$, sind.

→ Ü162

Ü 40

$$f'(x_0) = -\cot x_0 \cdot \left(\sin x_0 + \frac{1}{\sin x_0}\right).$$

Wenn Sie auf den beschrittenen Lösungsweg zurückblicken (vgl. **Ü37** ff.), werden Sie feststellen, daß nicht nur die Richtigkeit gezogener Schlüsse eine Rolle spielt, sondern daß auch eine möglichst einfache Darstellung bei der Lösung einer Aufgabe anzustreben ist.
Für die Festigung der Kenntnisse zur Anwendung der Produktregel ist die Lösung weiterer Aufgaben nützlich. Wenn Sie diesen Hinweis befolgen wollen,

dann ——————▶ **Ü41**

sonst weiter im Darbietungsprogramm ——————▶ K_4, Seite 95

Ü 81

Falsch!

Sie haben nicht erkannt, daß die gegebene Funktion

$$F(x) = \ln \cos x + \frac{1}{2}\tan^2 x, \quad x \in \left(-\frac{\pi}{2}, \frac{\pi}{2}\right),$$

eine zusammengesetzte Funktion ist.
Wir geben Ihnen daher einige Hinweise zur Lösung der Aufgabe.

——————▶ **Ü85, Seite 123**

Ü 122

Durch Zusammenfassen und Ausklammern ergibt sich:

$$f''(x) = (2 + (2x + 1)^2)\,e^{x^2+x+1}$$

$$f''(x) = (4x^2 + 4x + 3)\,e^{x^2+x+1}.$$

Bestimmen Sie nun $f'''(x)$.

! Entscheiden Sie!

Ich kann die Aufgabe selbständig lösen.

$f'''(x) = \ldots\ldots\ldots\ldots\ldots\ldots\ldots$

⟶ Ü124, Seite 121

Ich benötige einen Hinweis. ⟶ Ü123, Seite 119

Ü 162

Sie sind am Ende des Lehrprogramms angekommen.
Wir hoffen, daß die Arbeit Ihnen Freude bereitet hat und Sie Ihre Kenntnisse über den Begriff der Ableitung und die damit zusammenhängenden Fragen wiederholen und vertiefen konnten.
Für die weitere Arbeit wünschen wir Ihnen viel Erfolg!

Ü 41

Nachfolgend einige Aufgaben die Sie selbständig lösen sollten.

Aufgaben:

Bestimmen Sie die erste Ableitung folgender Funktionen an der Stelle x_0:

a) $f(x) = x^2 \cdot \sin x, \quad x \in \mathsf{R},$

b) $f(x) = x^2 \cdot \tan x, \quad x \neq (2n + 1) \cdot \frac{\pi}{2}, \; n \in \mathsf{G},$

c) $f(x) = \sqrt{x} \cdot \cos x, \; x > 0.$

Anschließend ———→ Ü42, Seite 118

Ü 82

Richtig!

Sie haben die Lösung in der einfachsten Form gefunden und damit bewiesen, daß Sie nicht nur eine Aufgabe lösen können, sondern sich auch erfolgreich um die Vereinfachung des gefundenen Ausdrucks bemühen.

Falls Sie weitere Aufgaben ohne Hilfe lösen wollen ———→ Ü88, Seite 129

sonst weiter im Darbietungsprogramm ———→ Z_{3-5}, Seite 111

Hinweise für den Lehrenden

Das vorliegende Lehrprogramm besteht aus einem Darbietungs- und einem Übungsprogramm.
Die Arbeit mit dem Lehrprogrammbuch wird durch eine Vorkontrolle eingeleitet. Diese soll dem Lernenden zeigen, ob er die erforderlichen Voraussetzungen für ein erfolgreiches Lernen mit dem Lehrprogrammbuch besitzt oder ob gewisse Ergänzungen durch Literaturstudium notwendig sind.
Vor dem Studium der einzelnen Programmabschnitte muß der Lernende (mit Ausnahme des Abschnittes 8) jeweils eine kurze Kontrolle bewältigen. Dadurch kann er selbständig entscheiden, ob er den folgenden Programmabschnitt durcharbeiten muß oder überspringen kann.
Zu jedem Programmabschnitt kann der Lernende programmierte Übungsaufgaben lösen, wobei die Anzahl der Lösungshinweise innerhalb eines Programmabschnitts kontinuierlich reduziert wird.
Am Ende des Darbietungsprogramms befindet sich eine Zusammenfassung, die in knapper Form eine systematische Darstellung des behandelten Lehrstoffes gibt und gleichzeitig als Wissensspeicher dient.
Folgende Einsatzvarianten des vorliegenden Lehrprogrammbuches haben sich bewährt:

a) Übersichtsvorlesung zur Stoffeinheit „Ableitungen von Funktionen einer unabhängigen Veränderlichen" – Studium des Lehrprogrammbuches – Leistungskontrolle – abschließendes Seminar;

b) Studium des Lehrprogrammbuches in Verbindung mit anderen Lehrbüchern neben den üblichen Lehrveranstaltungen zum Stoffkomplex „Differentialrechnung einer unabhängigen Veränderlichen";

c) Wiederholung der Stoffeinheit „Ableitungen von Funktionen einer unabhängigen Veränderlichen" mittels Lehrprogrammbuch vor Prüfungen (gleichzeitig als Kontrollprogramm geeignet);

d) Einsatz einzelner Programmabschnitte des Lehrprogrammbuches in Seminaren bzw. Übungen zur Differentialrechnung.

Mit Hilfe dieses Lehrprogrammbuches kann die Selbsttätigkeit der Studierenden wesentlich erhöht und ein höherer Lerneffekt erreicht werden als bei den üblichen Lehrveranstaltungen. Der Einsatz des Lehrprogrammbuches erfordert vom Lehrenden eine exakte Planung des Lehr- und Lernprozesses, vom Lernenden genaues und konzentriertes Lesen sowie aktive Auseinandersetzung mit dem Lehrstoff.
Das Lehrprogrammbuch besitzt eine hybride Programmstruktur, d.h., es sind sowohl Elemente der linearen Programmiertechnik als auch Elemente der verzweigten Programmiertechnik vorhanden. Jeder Programmabschnitt ist in Lehreinheiten und weiter in Lehrschritte unterteilt. Lei-

stungsschwächere Leser werden durch Zusatz- und Korrekturschritte unterstützt. Die verschiedenen Lernwege ergeben sich durch

a) Auswahlantworten,
b) Entscheidungsvorlagen,
c) Kontrollen in Kriteriumseinheiten.

Das vorliegende Lehrprogrammbuch wurde mit einer kleinen Studentengruppe vorerprobt. Nach gründlicher Überarbeitung und nachfolgender Expertendiskussion erfolgte die Hauptprobung mit ca. 400 Studenten technischer und pädagogischer Studienrichtungen des 1. Studienjahres. Anläßlich eines Programmierungs-Lehrganges am Forschungszentrum für Theorie und Methodologie der Programmierung der Karl-Marx-Universität Leipzig wurde eine nochmalige kritische Durchsicht und Überarbeitung vorgenommen.
Die statistische Auswertung der Erprobung bestätigt die international vorliegenden Ergebnisse, daß der Einsatz von programmiertem Lehrmaterial bei Erfüllung gewisser Voraussetzungen zu signifikant besseren Lernergebnissen führt.
Die Lern- und Arbeitszeit beträgt für das Darbietungsprogramm ca. 10 Stunden, für das Übungsprogramm ca. 8 Stunden und ist mit den in den Lehrprogrammen vorgegebenen Zeiten für diesen Stoffkomplex verträglich.

Grobstruktur des Lehrprogrammbuches

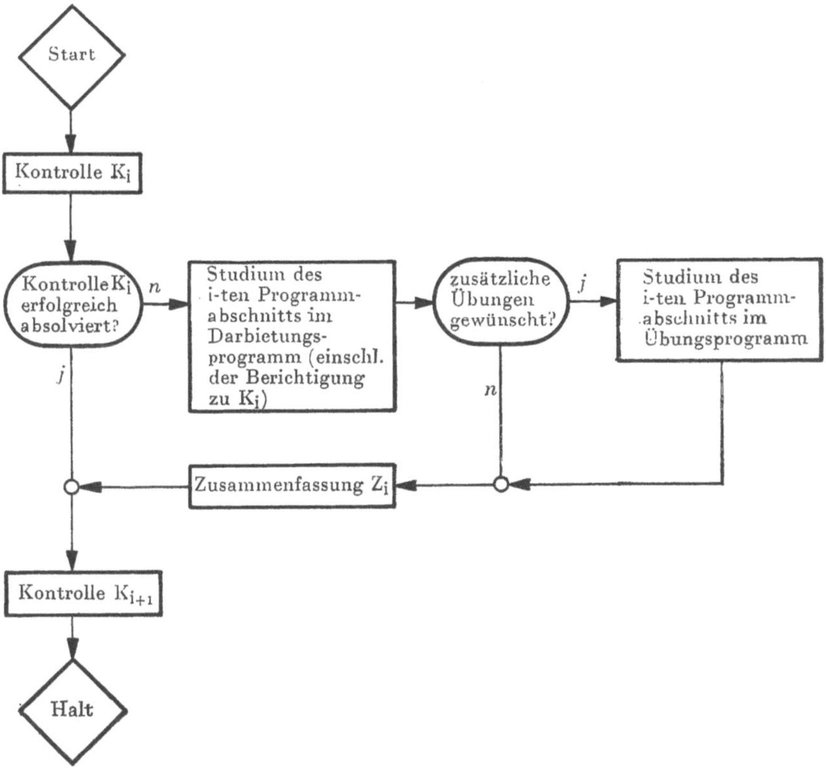

Bei Fragen zur Produktsicherheit wenden Sie sich bitte an:
If you have any questions regarding product safety,
please contact:

Walter de Gruyter GmbH
Genthiner Straße 13
10785 Berlin
productsafety@degruyterbrill.com